U0388375

怪诞狗科学

（英）斯蒂芬·盖茨　著

代宏宇　译

辽宁科学技术出版社

·沈阳·

谨以此书献给

我了不起的爸爸埃里克·盖茨，

谢谢你让我成为一个好奇的人

目 录

第1章　引言

非常不科学的简介

各位读者大家好，这本书是对一种四条腿的小动物的介绍，它们的数量已达5亿～10亿只*。它们毛茸茸、有口气、湿鼻头，喜欢用舌头舔人的脸，还喜欢咬鞋子，但也很听话乖巧，十分可爱。它们有杂种的，也有纯种的，还是造粪机、嘤嘤怪。本书讲述了关于家养动物科学中一门奇异的、迷人的而且滑稽有趣的科学。虽然它们有着99.96%狼的血统，但它们却有着强烈的想玩耍的欲望、挠肚子的欲望和分享爱的欲望。

当我还是小孩的时候就十分渴望得到一只可爱的、邋遢的、尾巴不停摇晃的狗。但是，我的父母却给我买了一只沙鼠。对于穷人来说，养只沙鼠就不错了。你可以把它当成像豚鼠、像兔子、像猫或像狗一样的宠物**。但实际上，沙鼠其实不如豚鼠更惹人怜爱，它看起来更像一只真正的大老鼠，但我的父母还是成功地让我相信它很可爱，所以我还是十分高兴能拥有Gerald

* 世界上到底有多少只狗呢？问题很简单，但回答起来却很难。统计全球驯化狗的数量的方式方法各不相同。保守估计有5亿～10亿只。

** 我并不是说猫没有狗重要，但养猫要比养狗省钱。

（那只沙鼠），因为我从来不敢奢望能养得起一只狗，但我还是一直梦想着未来能养一只狗。毛茸茸的感觉与其说是一种吸引力，不如说是一种陪伴。我在乡村长大，整日与孤独为伴，狗不仅能无条件地爱我，更重要的是，它会是我的玩伴。我知道，如果我拥有一只狗，我们将终日忙忙碌碌：拯救受伤的散步者、挖掘宝藏、破案、帮助老人以及扑灭火灾等，当一天结束时，我们虽然筋疲力竭，但会十分开心，还会一起仰望夕阳下的峡谷。但是，养只沙鼠根本不会有这种体验。

犬类书籍的作者一般会用大量篇幅去描述它们自己的狗有多好，但是单单是要写进本书的重要内容就已经超出了出版社的纸张预算，所以我只能对我的狗做简短的介绍。现在的我作为一名成年人，已经拥有了自己的狗。我可爱的Blue是一只杂种犬，它有边境牧羊犬和狮子犬的血统，我十分爱它。它对球十分着迷，却对食物不感兴趣（除了早餐的羊角面包外）。我们很少去峡谷观景，但是我们会进行各种各样的冒险活动：我们进行探索、一起散步、一起玩耍。它十分可爱、漂亮，有着一双大而迷人的眼睛，并且无条件地爱着我。

不过Blue最好的一点是，它让我得到了成长，我会思考得更多，更加关心我的家人、朋友、我周遭的世界及生活在同一个世界的其他人。我们有时候会忽视家里养一只大型的哺乳动物给我们带来的好处。我家还有另外3只可爱的哺乳动物：不同物种的动物如此亲密地生活在一起是很少见的（我家还有一只猫，我会在另外一本书中进行介绍）。从进化角度讲，狗是最近才走进人类家庭的，在这里它获得了温暖、爱和食物。狗被驯化的时间并不长，它们是从野生的、凶残的、有蹄动物捕食者驯化而来的，这些捕食者可能一见到你就会撕破你的脸（实际上，狼可能比狗更加狡猾凶悍，你应该知道我想表达什么）。

与一个完全不同的物种分享我们的生活可以帮助我们理解生而为人的意义。当我们和狗相处后，我们的沟通方式、期望、耐心、音调/嗓音、情绪、是非观等都会发生根本性的改变。它们会唤醒我们强大的抽象思维能力、对大自然的向往之心、同情心和同理心、我们强大的能力和责任感——改变世界、改变气候和影响同我们一起生活的其他动物的能力。

感谢你能阅读本书。我是一名科技通信员（一群古怪但是可爱的人）。我们会给人们传达有趣的事，同时还会让学习变成一件乐事，而且这也是我们巨大乐趣的源泉。你可以在科技节、喜剧俱乐部、学校、电视节目、酒馆以及聚会的厨房中看到我们的身影。关于科学，我们最想让你们知道的是，科学本身也可以是有趣的、令人震惊的、有启示性的，与此同时也是十分迷人的。如果你们在街上遇见我们，请走上前来和我们打个招呼，但是你们要知道，我们并不是要从你们那收集信息，而是有很多话要对你们说。

注：

很显然，世界上有很多犬科动物的亚种，包括狐狸、澳洲野狗和非洲野狗等。简言之，在这本书中如果我没有特殊说明，文中提到的“狗”（dog），指的都是家养狗（Canis familiaris）。

免责声明

本书中的内容不能作为兽医师的建议，也不能作为狗的行为方面的建议或训练的建议。如果您认为您的狗有异常，请咨询执业兽医师或动物行为学家。

请您善待动物，并且要知道，狗所感受和体验到的世界和我们人类是完全不同的。

另外，一定要记得拾起您的狗的粪便。如果说有什么事会让人们讨厌狗的话，那么这件事很可能是踩到了一摊热乎乎、湿软的狗粪。

第 2 章　狗是什么?

2.01 狗的简史

许多关于狗的进化和驯化的事件，发生的日期和地点都是有争议的。我们的确知道，从进化角度来讲，狗这个物种相对比较年轻，为2万～4万年。它们是狼的后代，狼最早在30万年前就已经在北美洲出现了（与人类首次在非洲出现的时间十分接近）。狗与灰狼（Canis lupus）的亲缘关系最近，然而狗与灰狼只是旁系种群，狗的直系祖先目前还未知，或许已经灭亡了。大多数狗的品种仅仅出现了150～200年。

6500万年前

恐龙在繁盛了1.65亿年后于白垩纪晚期灭绝。

5500万年前

肉食性哺乳动物开始出现。

5000万年前

肉食性哺乳动物开始分化，分化成类狼的犬型亚目和类猫的猫型亚目。

300万—100万年前

狼型亚目在欧亚大陆进化成为犬属。

公元前30万年

狼在北美洲出现。智人在非洲出现。

公元前4万—公元前2万年

现代的犬类开始从狼分化而来。

公元前2.3万年

可能是狗被驯化的开端。

公元前1.5万年

狗完全从狼中分化出来。

公元前14223年

狗被证明成为人类宠物的最早的时间。

公元前1.2万—公元前1万年

狗的体型减小了38%～42%（可能是驯化造成的）。

公元前1.1万年

出现了人类与狗共存的明确证据。

公元前9500年

北极地区利用狗作为运输工具的最古老的证据，它们的运输距离至少是1500千米。

公元前7000年

在中国村庄发现了最古老的狗的粪便的时间。

公元前3300—600年

青铜器时代的记录和洞穴的壁画上发现有狗的记载。

公元前800年

在荷马的《奥德赛》中记录了奥德修斯在20年后归来时被他的狗认了出来。

1434年

欧洲文艺复兴时期的伟大画家扬·凡·艾克的作品《阿诺菲尼夫妇像》中画了一只睡眼惺忪的小狗，它代表了婚姻的忠诚和神秘。

1873年

英国成立了养犬俱乐部，制定了品种标准。

2.02 狗是可爱的狼吗?

狗与狼有着99.96%相同的基因，有些狗甚至长得和狼十分相像。那么，你的狗是不是一只披着可爱狗狗外衣的嗜血的狼呢？如果你释放它，给它自由，它会不会返回深山老林，夜里对着月亮吼叫，然后成群结队地在山里奔跑呢？

当然，这几乎是不可能的。与人类一起生活已经彻底改变了狗的需求、生活方式、身体机能和智力，同时也改变了其行为、功能、繁殖以及社交。第一只被驯化的狗必须具备不畏惧人类同时对人类友好的特点，而且还必须是对人类有用处的。毕竟，即便是远古的人类也不想要一只凶残的吃小孩的捕猎者在他们生活的洞穴里走来走去，不是吗？那么，到底是狗的哪些方面发生了改变呢？

行为

狗会吠叫，但是狼却很少有这样的行为。狼会哀嚎，但是狗很少这样做。狗天性爱玩，即使成年后也还是一样爱玩，狗会与人类形成极强的纽带关系，而且这种关系要比和其他狗之间的关系还要强烈。正是因为它们的温顺、适应性以及很好的理解人类肢体语言的能力才被人类选中作为驯养的对象。与狼不同，狗需要依赖人类获取食物，而不是通过相互合作的方式获取食物。研究表明，狼会通过相互合作以获取食物，但是狗却很少这样。狼很害怕人类，而且对人类有攻击性，虽然幼狼可以被社会化，但是却不能被完全驯化。即使我们从出生就把它养在身边，狼也不会像狗一样与人亲密无间、能理解人的肢体语言或是常常用眼睛望着我们。

群体生活

狼是野生动物，它们最适合以复杂社群的形式生活并猎食大型哺乳动物，社群生活可以保护它们自己以及后代免受其他捕食者的伤害。灰狼群通常由5～10只狼组成，包括一只成年的雄性头狼及其配偶、它们的后代以及一些其他没有亲缘关系的狼。它们会共同合作进行捕猎并哺育狼群中的幼狼，狼群有明确的社会结构和规则并且对彼此有绝对的忠诚。头狼是狼群中唯一有交配权的狼，并且会首先保证幼狼能吃到足够的食物后再让其他的狼吃。相反，狗已经不再有任何群居的习性。野狗群（生活在野外的被驯化的狗）是“拾荒者”而不是“狩猎者”，它们并不会通过相互合作获取食物，它们经常争吵，会与包括亲戚在内的所有狗进行交配（近亲繁殖不利于基因多样性），它们会独自抚养幼犬而且没有固定的家庭关系。

泰坦尼克号上的狗

有三只狗在1912年沉没的泰坦尼克号中幸存，
包括一只北京犬和两只博美犬。
这三只狗都是头等舱旅客的。

饮食

狼主要猎食有蹄的草食动物（有蹄动物），通常是整个狼群一起捕猎，但是在食物缺乏的情况下，狼也会猎食小型动物甚至昆虫。狼几乎不采食植物，是真正的肉食动物。相反，狗则是杂食动物，它们可以进食包含植物成分的食物，比如谷物，我们认为狗的这种不同的饮食习惯是由于狗一直以来都以人类的剩饭为食而形成的。但即便如此，在野外生存的狗也需要进食肉类，以获得必需的营养物质。

独立性

因为狼不能依赖人类的帮助，所以它们非常独立，它们会尝试自己去解决问题。相反，如果狗遇到难题，它们会找人类帮忙解决。

繁殖周期

母狼通常会与同一只公狼交配，一年只在春季生产一次，以保证幼狼和狼群能有最佳的时机存活和繁衍。春季食物开始变得丰富，有足够的时间在食物缺乏的冬季到来之前哺育幼狼。相反，雌性的狗会与很多雄性狗交配，每年发情两次，并且可以在任何季节发情。狗是从人类处获得食物，因此不需要所谓的最佳繁殖时间来保证小狗的存活。

2.03 狗是如何被驯化的?

目前我们还无法完全确定第一条狗被驯化的时间、地点和被驯化的原因（实际上，我们甚至不能确定到底是人类驯化了狗还是狗自己完成的驯化）。在定居农业出现前（大约1万年前），狗并不是唯一被驯化的动物，但是能够确定的是，在历史的某一阶段，狗和人都从驯化的这件事上获益颇多。被驯化后狗有了稳定的食物来源、得到了庇护、有了人类的陪伴，同时繁育后代也有了保障。狗被驯化后人类有了一个狩猎、放牧、托运和暖被窝的帮手，也有了一个安全报警器、食物甚至棉毛的来源，同时也有了一个陪伴。

能确定的一点是，狗的驯化不可能发生在4万年前（这是预测狗从狼分化出来的最早的日期），但是这一点几乎没有考古学上的证据支持，直到著名的波恩-奥伯卡塞尔犬（Bonn-Oberkassel）被考古发现（1914年），这是在一座距今1.4万年的一对人类情侣的墓葬中发现的狗。这只狗有28周大，从第19周大时就患上了严重的犬瘟热，可以肯定的是，狗的主人对它进行了悉心的照顾以便尽可能地延长它的生命。

一篇2021年发表在《美国国家科学院院刊》（*Proceedings of the National Academy of Sciences*）的综述中提到，狗是2.3万年前在西伯利亚被驯化的，但是这一观点并没有相关的考古学证据。有些研究表明，狗可能在2.5万年前就开始被驯化了，但是大约1.5万年前狗的数量增长了10倍，这可能是狗被完全驯化的标志。2016年，一些来自牛津大学的很有说服力的研究甚至指出，狗可能被驯化了两次，一次在东方，另一次在西方。

随着家畜的驯化，人类与狗的关系被认为是我们人类发展的关键，这帮助我们从游牧转变成定居农业。

传奇的狗

皇室柯基犬

1933年约克公爵阿尔伯特亲王（后来的乔治六世国王），
给他的女儿伊丽莎白和玛格丽特公主
买了一只彭布洛克威尔士柯基犬
取名Rozavel Golden Eagle，后改名为Dookie。
1944年，伊丽莎白（未来的女王伊丽莎白二世）
在18岁生日时
获得了她的第一只彭布洛克威尔士柯基犬——苏珊，
苏珊自从来到女王身边后生育了10代。
这些后代中有些是柯基犬和腊肠犬的杂交品种。
其中一只叫Monty的柯基犬，
曾和女王一起出现在2012年伦敦奥林匹克运动会的开场影片里。
1761年，不会讲英语的17岁的夏洛特
（后来成为乔治三世的王后）
带着几只德国斯皮茨犬从德国来到英格兰。
1888年，维多利亚女王在去意大利的旅途中得到了几只博美犬。
据说1793年，法国最后的王后玛丽·安托瓦内特
曾携带着她的蝴蝶犬共赴断头台。

2.04 为什么人们喜爱狗?

狗对人类是非常“有用”的，但是仅仅是因为“有用”并不足以让我们如此爱狗。比如说，符合人体工学设计的赛车绿的英国博世PSB 1800伏 LI-2无绳充电组合电钻对我来说很有用，但我爱它吗？实际上，当我真正去思考这个问题的时候，我的回答可能是我爱那个组合电钻。一个更好的例子可能是我的一套有四个不同型号的落锤式锻造可调扳手，我是不是爱它们呢？好吧，我承认这也不是一个很好的例子。但是我想表达的观点是：仅仅“有用”是远远不够的，我们同时还会有其他的 “感觉”。

我们对狗的喜爱是生物化学作用的结果。当我们与狗互动时，我们的身体会释放多种激素，包括催产素、β-内啡肽、催乳素、多巴胺以及神经递质β-苯乙胺，且这些分泌的激素都与感动、幸福感和纽带关系密切相关。与狗互动时，我们体内的糖皮质激素水平会下降，从而缓解我们的焦虑。简单来讲，当我们养了一只宠物狗，我们会感受到生物化学给我们带来的愉悦感，这种愉悦感再加上我们与狗相互磨合、相互照顾以及相互陪伴的过程，就是很好的爱的体现。

有十分确凿的证据表明，当我们盯着狗看时，体内产生的激素和我们盯着婴儿眼睛看时体内所产生的激素是一致的。从某种意义上来讲，狗会影响我们人类的生物化学系统（影响我们激素的分泌），从而把它们和我们人类紧紧联系在一起。在别的动物身上我从来没有产生过这种感觉，比如盯着金鱼我并不会产生激素的变化。但是我却曾经在沙鼠Gerry身上有过这种感受（可能是因为我当时正处在11岁这个懵懂困惑的年纪）。

一个简单的相互照顾的动作就会对人类产生积极的影响。研究表明，当不能或不被允许去照顾其他人时，人类的健康会受到很大的影响，甚至会抑郁。照顾一条狗同样也会让我们感受到幸福。

世界上最忠诚的狗——Akita（秋田犬）

八公是一只日本秋田犬，出生于1923年，
它是日本历史上一只具有传奇色彩的家犬。
每天早上，八公都在家门口目送主人上野英三郎上班，
傍晚时分再到附近的涩谷站等着主人
下班回来后一起走回家。
不幸的是，1925年上野英三郎在工作的时候突然离世，
并没有像往常一样回到涩谷站。
但八公依然忠实地在车站等了10年，
直到1935年3月8日去世。
八公去世的那天，日本举国哀悼一天，
并在涩谷车站竖立了一尊八公的雕像，
以缅怀它的事迹。

2.05 狗为什么爱人类？

最简单的回答是，它们别无选择。我们人类只培育了那些碰巧爱我们的狗。我们人类这项工作的成效可以说十分显著，研究表明，大多数狗对人类的爱远远超过它们对其他狗的爱。

那么，为什么狗对人类的爱要远超过其他动物对人类的爱呢？其中一个十分有趣的原因就是，这可能是狗的基因决定的。普林斯顿大学的基因学家布里奇特·冯·霍尔德（Bridgett vonHoldt）发现，驯化导致的基因改变（genetic quirk）使狗变得善于社交，尤其是变得比狼更加温顺了。请各位读者要紧跟我的思路，因为这部分会有些复杂。这种变化是一段DNA序列的紊乱（发生在GTF21蛋白的基因上），可以是不同方式的改变，比如序列的变异程度。这个蛋白基因的改变程度越大，狗就越温顺、变化越小，狗就越凶悍。这也与人类的认知障碍（威廉斯氏综合征，Williams syndrome）有一定的关系，这种疾病会让人类对其他人或事异常信任和友好。相反，没有发生DNA改变的狼对人类则更加冷漠和警惕。可能是人类选育了友好的狗，就相当于选择了患有威廉斯氏综合征的狗，善于社交的属性也就变成了狗的遗传特性。

允许野生动物进入家庭对于我们的祖先来说也是一个很大的冒险。这意味着要和它们分享食物，同时也可能会威胁到孩子的安全。因此，我们的祖先只选育了温顺的、能保卫家庭并且有用的狗。友好的属性可能是狗与人类积极互动的结果，这也就回到了我们前面讲到的生化方面的变化。就像我们与狗互动时机体会释放使我们产生愉悦感受的神经递质一样，同样的，狗在与我们互动时也会产生一样的变化：会释放催产素、β－内啡肽、多巴胺和神经递质β－苯乙胺，而且所有的这些物质都与情感有关，比如幸福感和纽带关系。虽然互动过程中狗体内的糖皮质激素（应激激素）的水平并不会像我们人类一样下降，但是狗还是会和我们一样体会到生物化学变化所带来的愉悦感。

第 3 章
狗的解剖学

3.01 狗的生殖

太棒了！在一个周一的早上讲授犬繁殖的知识似乎也不算太差，我被安排教的是9年级的学生，但是给还不成熟的学生讲授这种知识已然违背了达尔文的进化论。

好的，让我们坐下来开始今天的学习吧！狗需要先进行繁殖，这样你才有可能拥有一只可爱的小狗。大多数母犬会在6～16月达到性成熟，性成熟后就会分泌激素然后开始排卵，这个时候它们已经具备了所有进行繁殖的必要条件。大多数公犬会在10月龄左右达到性成熟。犬的性成熟年龄与它们的近亲——狼是完全不同的，狼需要2岁才能达到性成熟。狼通常只有一个伴侣，但是犬会有多个伴侣。

母犬每年发情2次（这个时期它们可以怀孕并生育小狗），但狼一年只发情1次。这可能也是人们选择犬进行驯化的原因，因为犬可以更多地进行繁殖。

交配的时候，公犬会做很多动作引发母犬的兴趣，公犬会用鼻子去嗅、围着母犬跳并以半卧的姿势摇尾。公犬还会轻咬母犬的面部、脖子和耳朵，或者跳起来用前肢踩着母犬的身侧。母犬则掌控着整个局面，如果她不喜欢这只公犬就会咬对方、对着对方狂吠，或者只是转身离开。如果它认为这只公犬很有吸引力，它就会变得顺从，发出呜咽的声音，并把尾巴摆在一侧。

好的，大家做好准备，我们现在继续。犬的阴茎有两个有趣的特点：（1）犬的阴茎有一块薄薄的阴茎骨，阴茎骨可以使犬在爬跨并插入母犬阴道的时候保持阴茎不弯曲（这个特点在其他动物中比较罕见）；（2）公犬阴茎插入母犬阴道后，阴茎基部的茎头球会膨胀，将两只犬牢牢地锁在一起。交配成功后公犬射出的精液会移行至卵子处使母犬受孕。交配完成后公犬会终止爬跨，但是由于膨大的茎头球依然处于膨大状态，因此两只犬要再继续等待50～80分钟才能分开。非常奇怪的是，没有人知道这是为什么。

犬的妊娠期为60～68天（人的妊娠期为280天），一窝平均生6～8只小狗，但是一窝生1～14只小狗都是正常的。虽然让狗生儿育女是件很了不起的事，但是给狗做绝育也有很多好处，因为绝育可以避免过多的狗出生（过多的狗出生会导致很多流浪狗的产生，这些流浪狗最终会被安乐死）。

天啊！这段尴尬的内容终于结束了。

3.02 狗会出汗吗？

不会。狗只有爪子上有汗腺（与皮肤表面直接相通的腺体），但数量很少，而且这些汗腺并不足够帮助它们调节自身的体温。机体、系统都处于平衡的状态称为稳态，涉及呼吸、循环、能量、激素平衡及体温的调控。

狗正常的体温是38.5℃左右（101.3华氏度），比我们人类的正常体温高了1.5℃，人类正常的体温为37℃（98.6华氏度）。当人类体温过高时，机体会通过排汗、呼吸及皮肤散热来调节体温。但是狗被覆一层保温的皮毛，因此无法通过皮肤或排汗的方式进行散热。如果狗能出汗，那么它们很快会变成笨重、潮湿且带有恶臭的湿拖把，会长满寄生虫，同时会散发出令人作呕的味道，而且还会成为细菌生长的温床。

目前为止，狗用来调节体温的主要方式是大口喘气，这和人类以排汗的方式进行散热有相同的效果，不同之处在于，狗的散热过程是发生在体内的。狗的鼻腔、口腔和舌有着很大的表面积并被唾液润湿，且表面分布有丰富的毛细血管。当狗呼吸时，空气流过潮湿的表面，通过蒸发作用带走热量，从而使毛细血管内的血液冷却。虽然舌也有很丰富的毛细血管，但是鼻腔却是散热效率最高的部位，因此当狗开始大口喘气时，发挥体温调节作用的主要部位是鼻腔。血管舒张也是狗散热的方式之一（它们面部和耳部的血管会扩张，从而促进热量的散发），并且到了夏季狗会脱去绒毛以使皮肤散热更高效。

3.03 为什么狗排便时是由北到南的朝向？

一项奇怪但有趣的研究中，捷克和德国的研究者们发现，狗倾向于沿着南北方向（与地球的磁场方向一致）移动。母犬在排便或排尿时也倾向于南北方向，但公犬排尿时则不是（公犬排尿时会抬起它们的腿，与这个体位并不一样）。2013年发表于《动物学前沿》（*Frontiers in Zoology*）杂志的一项研究在2年内跟踪调查了70只犬，做了5582次观察，研究不仅证实了狗的磁感应能力的存在，而且还表明狗对磁场非常敏感。地球磁场会发生波动、偏移甚至反转（地球的南极和北极曾经两极反转），而且当磁场不稳定的时候狗的这种方向性行为就会暂停。

研究还表明，放牧和圈养的牛和鹿也有这种奇怪的行为。红狐会利用磁感性进行捕猎，并且当从北向南的方向进行捕猎时成功率会更高（我发誓这绝不是我编造的）。

如果你认为这种现象已经很神奇了，那更神奇的是研究人员在狗眼中的光感受器中发现了隐花色素，且研究结果于2016年发表在《自然》（*Nature*）杂志上。这些感光分子通过光依赖性的磁向性辅助鸟类在白天进行导航（也就是说，它们只有在光存在的情况下才会对地球磁场有反应）。这表明，狗可能也可以看到地球的磁场，但是这还需要进行进一步研究证实。这些听起来可能很牵强，但是要知道其他动物的敏感性要远高于我们人类，比如：一些鲨鱼会利用超敏感性产生电进行捕猎，许多昆虫和鱼类可以看到紫外线，许多以捕猎为生的蛇能看见红外线，等等。

3.04 你的狗到底有多少毛发？

是不是所有的狗主人都想知道自己的狗有多少根毛呢？一个机智的回答是：选择性育种已经选育出了形态和体型各不相同的狗，有些是单层毛，有些是双层毛，有些被覆厚厚的呈条索状下垂的毛（匈牙利牧羊犬），还有些狗基本上不长毛（墨西哥无毛犬）。但是我们也可以试着去数一数。

首先，我们要通过狗的体重计算出其体表面积。这种方法可能有些投机取巧的嫌疑，因为大而胖的狗和小而瘦的狗的体表面积和体重的比例差别非常大，但幸运的是《MSD兽医手册》（*MSD Veterinary Manual*）已经公布了一个换算表。一般来讲，体重为5kg的狗的体表面积为0.295m^2，体重为10kg的狗的体表面积为0.496m^2，体重为20kg的狗的体表面积为0.744m^2，体重为30kg的狗的体表面积为0.975m^2，体重为40kg的狗的体表面积为1.181m^2。

计算出体表面积后，将体表面积乘每平方厘米皮肤上平均的毛发数量就可以计算出结果。从《犬解剖学》（*Miller's Anatomy of the*）可知，每平方厘米的皮肤上平均的毛发数量为2325根。将这个数值乘狗的体表面积就可进行粗略的估算，得到以下表格：

品种	平均体重（kg）	体表面积（m²）	毛发数量（根）
微型腊肠犬	5	0.295	685,875
法国斗牛犬	10	0.469	1,090,425
可卡犬	14	0.587	1,364,775
边境牧羊犬	17	0.668	1,553,100
拉布拉多/金毛猎犬	30	0.975	2,266,875
洛特维勒牧犬	49	1.352	3,143,400
大丹犬	60	1.560	3,627,000

长辫犬

匈牙利长毛牧羊犬有着厚而油腻的被毛，自然地形成长辫状。
我强烈推荐大家上网搜索查看“奔跑下的匈牙利长毛牧羊犬”。
可蒙犬也是匈牙利牧羊犬的一种，它的被毛与绵羊类似，
是一种护卫犬。绵羊并不惧怕它们，
可蒙犬长大后保护着牧场大家庭。
但每年春季，绵羊和狗都剃毛之后，
可蒙犬的“伪装”就会被揭穿，
这场面每个人见到了都会大吃一惊。

3.05 为什么你的狗如此的可爱呢？

狗的可爱和进化科学是高度吻合的。从看起来十分可怕的有着直立的耳朵、巨大的体型、狡猾的眼睛和长长的鼻子的狼的亲戚进化成现在的样子，狗用了很长时间。除了那些特殊品种的狗之外，狗已经进化出了下垂耳、比以前更大更圆的眼睛、更短的鼻子、更紧凑的身躯和一副极其楚楚可怜的面孔，让我们无法拒绝。

狗的这副面孔是由一块独特的肌肉控制的，这块肌肉已经进化成“诱惑”人类的工具。它叫内眼角提肌（LAOM），能让狗变得可爱、忧郁和楚楚可怜。它位于眼上方近前额中部，它收缩后狗的额头会皱起，大眼睛会变得悲伤和无助，这些变化会激发人类想要去养育它的欲望。内眼角提肌可能仅仅是由基因异变形成的，但是也已经成为一个强大的“操纵”人的工具。研究表明，收容所中进化出这一能力的狗更容易被领养。相反，狼却没有这块肌肉。

从行为学上说，人类会选择温驯的动物，而且这种动物在和人相处时也非常高兴和自信。更有趣的是，我们创造了一个物种，这个物种在动物王国中很少见，因为它们依赖着人类的爱和陪伴进行繁衍，而且天性爱玩，从幼年到成年都很爱玩。

从外形上讲狗非常可爱，有着大大的眼睛和比狼短的鼻子，所以你可以说人类选育狗纯粹是因为它们可爱。但是对于早期人类来说，狗的外观并不是那么重要，因为它们还在为了能活下来而苦苦挣扎。那么，这种像狗一样有着大大眼睛的动物是如何进化而来的呢？在驯化过程中还有一个曲折的过程叫作幼态持续。本质上就是当你仅仅是按照友好的标准去选育狗，而不关注狗的外貌时，最终选育出的狗会保留青幼年狗的属性，且这些狗成年后这些属性也会持续存在。

在20世纪50年代，俄国基因学家德米特里·别利亚耶夫（Dmitry K Belyaev）决定重复一次狗的驯化的过程以揭示进化过程中的变化是如何发生的。实验选用银黑狐为实验动物，建立了狐狸种群驯化的模型，这个实验也进一步证明了幼态持续理论。尽管德米特里·别利亚耶夫在1985年就去世了，但关于这项实验不同的观点（这些观点似乎都是围绕着该实验缺乏数据提出的）一直在持续出现。这项实验一开始有100只雌狐和30只雄狐（他所能找到的最温驯友好的狐狸），幼狐出生后由研究人员亲自饲养，同时保证与人类有最少的接触。每一代中10%最温驯的狐狸被保留，其余的则被送还皮毛养殖场（它们父母的来源地）。实验很残酷，但是也十分有趣。出生的幼狐在四代之后都变得像狗一样：摇尾巴、寻找人类并和人类互动、会对人的手势和眼神做出回应。它们会低声哀叫、呜咽，而且会像小狗一样舔舐研究人员，成年后则爱玩并且温驯。选育出的狐狸达到性成熟的时间也更短，同时不再按照季节繁殖，而且产出的胎儿也更大。

这项研究最奇怪的结果是，驯化后狐狸也发生了外观的变化（虽然这次实验只是以得到温驯的狐狸为目的，并没有筛选外观和体型）。被驯化的狐狸似乎有更松软的耳朵、更短的腿、更卷曲的尾巴、更短的上颌和鼻子以及更宽的颅骨。这些特点在人类看来都是“可爱”之处。我应该强调一下，德米特里·别利亚耶夫的实验结果并未完整发表或阐释，并且关于驯化综合征的证据也不明确，但是似乎可以说明驯化似乎确实改变了一些犬的外貌特征。

3.06 爪子的科学

狗是趾行动物，它们用指（趾）走路，而人类是掌行动物（我们人类是用脚趾和平放的跖骨走路），牛或马则是蹄行动物［它们用指（趾）尖走路，而且通常会被蹄匣包裹］。

狗爪子上的肉垫由角化的表皮组成（肉垫处的皮肤是由坚硬的角蛋白构成，类似于人的指甲和头发）。每只脚都有四个脚垫（狗的脚趾），并环绕形成了一个心形的掌垫（就像人类的手掌），还有一个没有什么用的悬蹄（就像人类的小拇指），一般位于前肢的前内侧，后肢上则很少有悬蹄。另外，狗的前肢还有一个腕垫（人类同样的解剖位置则没有这个结构），这个腕垫可帮助狗在下陡坡时急停。

了不起的伦德猎犬（Lundehunds）

挪威伦德猎犬有一些与众不同的特点：
它们有很多指（趾）头，同时还有两个悬蹄，
这使得它们每个蹄子有六根指（趾）头。
它们的头可以旋转180°，前腿可以相对身体旋转90°，
还可以向前或向后折耳。
还有就是它们一开始被选育是为了捕猎海鸥。

悬蹄是一个特别的存在：所有的狗都有悬蹄，但是在某些品种中悬蹄很小，基本上看不见。前悬蹄有一块小骨头和肌肉，但是后悬蹄却没有骨骼和肌肉。有些饲养员甚至会手术切除悬蹄（它们认为悬蹄没有任何结构上的功能，因此可以切除），给狗带来巨大的痛苦。有些狗的前肢和后肢都有悬蹄，大白熊犬（Great Pyrenees）在后肢上有成对的悬蹄。这对悬蹄有时可帮助狗更牢固地抓住骨头或者网球（以我的狗为例）。

脚垫有缓冲的功能，同时有大量的汗腺可以帮助狗来调节体温平衡（尽管散热效果不是很好），狗受到应激和紧张的时候脚也会出汗。狗的潮湿的脚上有很多微小的腔隙，里面寄生着细菌、真菌等微生物，这使狗的脚闻起来有一股特殊的味道。狗的爪子直接与骨骼相连，分布有神经和血管，因此不能像猫爪子一样收缩，也和人的指甲不一样。这也是狗不喜欢剪指甲的原因之一。

比人更多的骨头

狗平均有319块骨，而人类只有206块骨。

3.07 为什么狗喝水的时候会一团糟？

狗喝水时可能看起来很仓促和混乱，但实际上却是一个迷人的、技术性很强的并且精确定时的动作，这个动作被称作“加速驱动的开放式泵送过程”（acceleration-driven open pumping）。这个过程看起来就像猫的舔舐，但却是两个不同的过程。猫和狗的舌头移动非常迅速，我们用肉眼无法看清，但是一篇发表在《美国科学院院刊》（*Proceedings of the National Academy of Sciences*）的研究用高速摄影技术揭示了其中的奥秘。

狗嘴的结构使它们的上下颌能张得更大，这样就可以撕咬大型哺乳动物，也正是因为这样它们也就没有完整的脸颊。因此狗就不能像人类、马和猪那样通过吮吸的方式喝水。狗把它们长长的舌头向后弯曲成一个勺子的形状，然后快速放入水中，造成水花四溅。然后迅速把舌头缩回口中，溅起的水会紧贴着舌面形成一个升起的水柱。狗会在升起的水柱水量最大的时候猛地闭合口腔咬住水柱然后喝下。这个猛咬—闭合的过程会造成水花四溅，但是这种喝水方式可以让狗的每次舔舐都喝到更多的水（比伸直舌头喝水喝到的更多）。

最大的舌头

有记录的世界上舌头最长的狗
是一只生活在美国密歇根的拳师犬Brandy，
它已于2002年去世。
根据吉尼斯世界纪录的记录，
它的舌头有43cm长，真的很惊人。

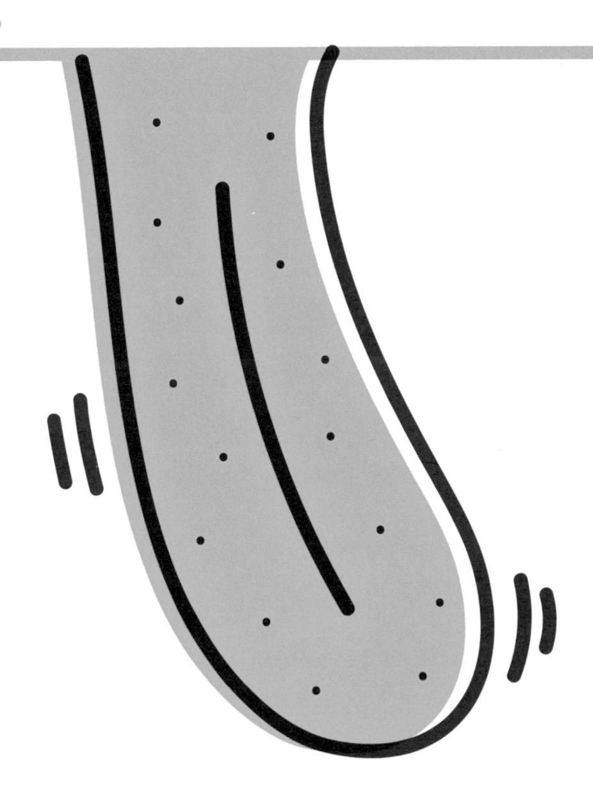

3.08 狗的一年真的相当于人类的7年吗?

狗的寿命的中位数（在这个年龄有一半的狗已经去世，还有一半的狗还活着）是10～13岁，品种不同的狗，其寿命的中位数也不同。全球人类的平均年龄是70～72岁，那么很显然，我们就能简化出这个公式：狗的一年相当于人类的7年。但是，实际情况要比这有趣得多。

比较两个完全不同动物的发展过程是一件非常困难的事，但是我们可以对某些生命活动进行比较，如断奶（也就是不再依赖母亲的乳汁生存）、性成熟、体能以及日渐衰弱的机体。老年时期，狗会患上和人类相似的疾病，如关节炎、痴呆等疾病。研究人员利用比较甲基化物（发生在基因层面的化学变化，且在整个生命过程中都一直处于变化之中）的方法对狗和人类生命不同阶段的变化进行了比对。

结果表明，狗在生命开始的阶段发育成熟的速度非常快，但是在11岁时它们的发育速度大大降低，而且实际上要比同时期的人类的发育还要慢。在早期阶段，狗成长的速度惊人的快，在6个月左右就已经达到性成熟（而人类性成熟在15岁左右），9月龄时身体在结构上发育完全。狗1岁时相当于人类的30岁，3岁时相当于人类的50岁。

当然也有例外。杂种犬比纯种犬的寿命要长1.2岁，并且小型犬要比大型犬的寿命长。一般来讲，獒犬的平均寿命是7年或8年，而迷你杜宾犬的平均年龄是14.9岁。

3.09 你的狗相当于人类多少岁呢？

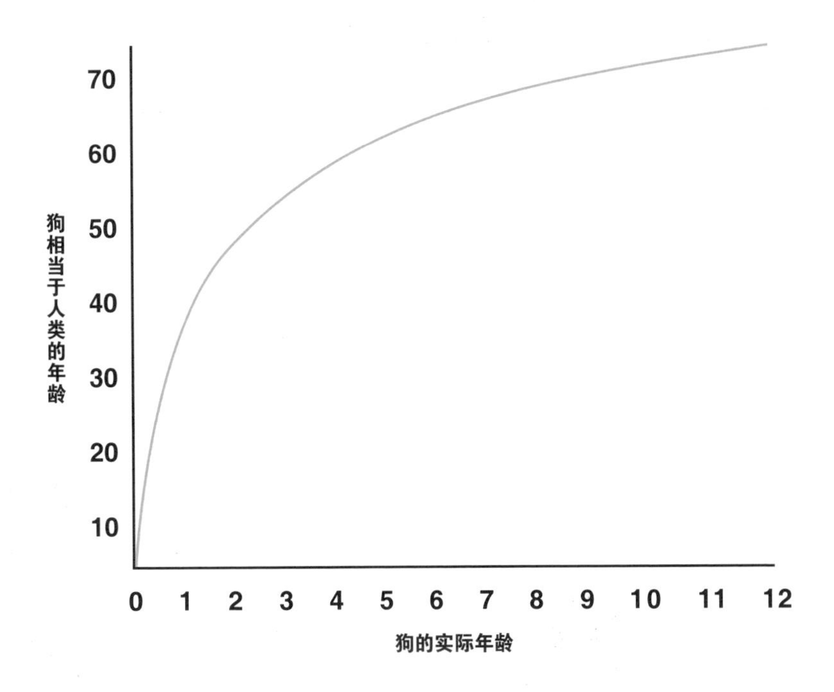

寿命最长的狗

世界上寿命最长的狗是一只名叫Bluey的澳大利亚牧牛犬，

它出生于1910年，于1939年去世，

共活了29年5个月零7天。

第 4 章
令人讨厌的狗解剖学

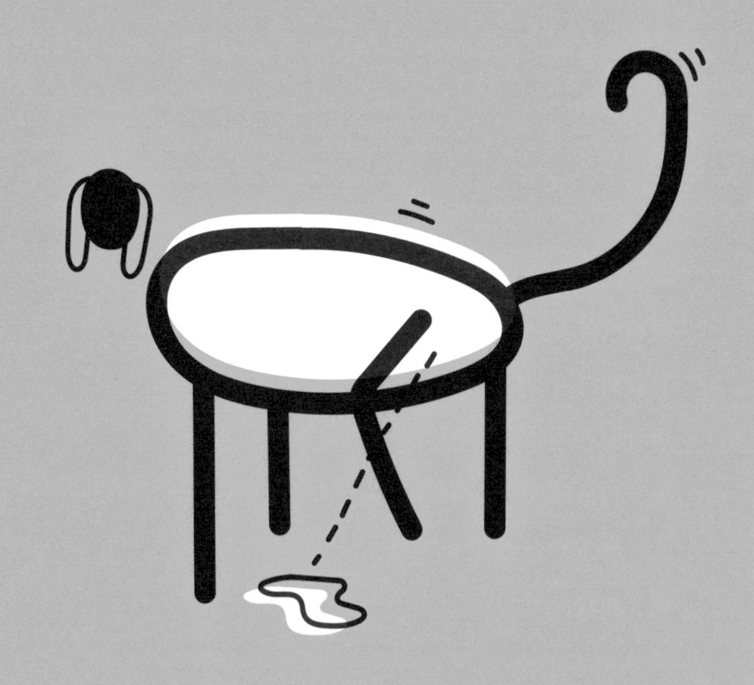

4.01 为什么狗会放屁（而猫却不放屁）？

狗是杂食动物，会吃掉任何能够放进它们贪婪的嘴里的东西。它们也确实需要补充一些微量营养素（野外只能通过吃肉来获取），它们的消化系统可以消化所有食物，包括纤维。

相反，猫是肉食动物，也就是说猫的消化系统是专门为消化肉类食物（有丰富的蛋白质和脂肪，但碳水化合物和纤维素含量很低的食物）而设计的。猫的消化系统的长度要比其他动物的消化系统短，主要作用就是将蛋白质和脂肪分解成更小的分子（顺便说一下，猫并不能像人类一样将碳水化合物合成糖，而是通过肝脏中的糖异生作用产生糖。这个过程是先将蛋白质分解成氨基酸，然后再由氨基酸生成糖。是不是很奇妙？）。因此，猫和狗的消化系统的不同之处在于，狗可以消化纤维，而猫则不能。

那么，这与放屁有什么关系呢？狗吃进去的纤维性食物（比如谷物和蔬菜）主要是通过结肠中细菌的发酵作用进行消化，而不是被小肠中的消化酶降解消化。但是细菌发酵的副产物是气体——实际上有很多种气体，并且有些气体非常臭。因为猫不吃蔬菜和水果，它们的食物中也就基本没有细菌发酵的纤维，因此猫基本不放屁。狗的屁中有相当一部分是由它们狼吞虎咽进食时吞进的空气形成的（狗喜欢狼吞虎咽地吃东西，同时也会吞下很多空气，但是猫进食时则非常缓慢、优雅）。

狗不挑食（eat anything），放屁很随意，并且它们放屁后还对自己很满意，和我很像。

4.02 关于狗的粪便的科学

狗屎（或者如果你在做研究，也可以说成狗的粪便）会出现在一些不寻常的地方。其中一个样本便出现在7000年前的古老的中国农村，另一份则出现在一个来自17世纪的英国的夜壶中。毋庸置疑的是，400年前一些慵懒的人已经教会狗在夜壶中排便，从而不用再带它们出去散步。英国的狗每年大约产生40万吨粪便（相较而言，纽约帝国大厦才重36.5万吨）。中国台湾台北市会根据居民上交的狗的粪便数量发放对应数量的奖券，以试图解决城市狗的粪便问题。该项目从4000名市民手中获得了14500袋粪便，其中有一位50岁的妇人获得了一块价值2200新台币（约合500元人民币）的金条。这项计划预计将让城市减少一半的狗的粪便量。

那么，狗的粪便中都有什么呢？这是由它吃的食物、它的年龄以及健康状况决定的，但是狗的粪便中一般都包含数十亿的细菌（包括死亡或仍存活的细菌）、未消化的食物残渣（尤其是纤维性食物）、从消化系统中脱落的衰老的细胞，还有奇妙的汁水、酶、胆汁、酸类及其他机体分泌的用于消化食物的但是还未被肠壁重吸收的物质。粪便中还有气体、短链脂肪酸，以及一些其他七零八碎的东西，这些物质都和正常粪便（good poo）的气味有关系。粪便的气味来自未消化的蛋白质经过大肠时产生的硫化氢、吲哚和粪臭素。虽然这些物质的产生量都很少，但是却会产生极强的臭味。有趣的是，当狗排便时还会向粪便中添加信息素，信息素由肛门腺（分布于肛门两侧）分泌，里面包含狗的年龄、性别和特征的信息。

让我们来看一些数据：美国每年产生约1000万吨狗的粪便，但据调查只有60%的粪便被拾起并妥当处置，这真的很糟糕。但是，即使被放入一个可降解的袋子中，狗的粪便仍然是一个问题。如果装着粪便的袋子被丢入一个普通的垃圾桶中，它最后会被填埋，得不到合理的降解，最终会发酵产生甲烷（一种主要的温室气体）。最好的处理粪便的方式是堆肥（但是堆肥过程会很难闻，而且是个需要精细控制的过程）。如果狗的粪便能被合理处置，那对自然环境是非常有助益的，因此如何对狗的粪便进行合理的处置是一个坚持研究的领域。

传奇的狗

安德烈斯（Andrex）的小狗

安德烈斯1972年开始就已经用超级可爱
但十分调皮的金色拉布拉多幼犬为厕纸做广告，
这使该厕纸产品很受欢迎。
但同时又不用标明产品的主要功能是给我们擦屁股。
精神分析学家认为，这则广告的潜台词是：
用一只柔软的小狗来擦屁股，比用一只德国刚毛指示犬要舒服多了。
但实际上这种类比站不住脚：
任何一个名副其实的狗美容师都知道，
德国刚毛指示犬的毛会让人更享受。

4.03 关于狗尿的科学

狗的尿液和人类的尿液极其相似，主要成分是水（95%），还含有大量（5%）的有机或无机的废物以及溶解在尿液中的金属盐和离子。我曾经为了录制一档BBC的节目用一些成分制备了尿液，这东西是有爆炸的危险的。这么说吧，在没有安全防护措施的情况下，将钾放入水中是非常危险的行为。

尿液就是一种将废物从体内冲出来的工具，尤其是排出细胞代谢（机体细胞生成并消耗能量的过程）产生的那些富含氮元素的副产物。这些副产物包括有机的含氮化合物（尿素、肌酸和尿酸）、碳水化合物、酶、脂肪酸、激素、无机胺、氯离子以及一些金属的钠盐、钾盐、锰盐和钙盐。尿液中的很多成分在日常中都能用到：通常尿素会被制成除冰粉被售卖，而且也是脱毛膏、动物饲料和润肤霜的成分之一；肌酸可作为肌肉损伤患者的营养补品，也用作补剂提升运动员的能力。

狗狗们对彼此的尿液都十分感兴趣，因为尿液中有气味物质（比如信息素，其中包含了很多信息）。通过这些气味，狗能闻出排尿的是公狗还是母狗、是否在发情、性别和情绪状态，甚至还能闻出它是否身患疾病（比如糖尿病）。公狗习惯在它们喜欢的地方撒尿以标记它们的领地，但是与我们平常认知不同的是，它们这种标记看起来更像是在和其他的狗打招呼，而不是为了把其他动物吓走。

4.04 为什么公狗撒尿的时候会抬起腿?

当有一天你看到自己的雄性小奶狗第一次抬起腿在路灯柱上撒尿时，你的心情也许是错综复杂的。一方面，你作为一个毛茸茸的小伙子的家长会感到很自豪，你见证了它一点点长大；另一方面，你知道，从这一刻起这个小家伙将会对着任何事物或任何人抬起腿撒尿，并且这种见什么都尿的阶段将很快到来。

但是，为什么公狗撒尿时必须把腿抬那么高，而母狗排尿则是优雅地蹲下撒尿呢？一部分原因是公狗有能力这样做，公狗阴茎中的阴茎骨会维持阴茎伸直的状态，这就使排尿有方向性，允许它们排尿时抬起腿，对准目标并精准命中，同时不会造成自身的健康问题。如果母狗也这样排尿（从来没有听说过），那么它排尿时尿会溅到自己身上，从而引发感染或毛发损伤。

尿液是狗的一种工具并被利用得很好，它们抓住机会利用自己尿液的气味传递自己的信息（尿液中包含公狗的许多信息，包括性别、健康状况、年龄等）。但是关于公狗抬腿撒尿这一点有一个有趣的争论：一项发表在《动物学杂志》（*Journal of Zoology*）上的研究表明，小型犬抬腿的高度要比大型犬高，它们可能在借这一过程进行伪装，以夸大它们的体型和竞争力。

4.05 跟屁虫：什么是跳蚤、蜱虫和螨虫?

跳蚤

具有讽刺意味的是，狗身上最常见的跳蚤是猫跳蚤——猫栉首蚤（Ctenocephalides felis）。这些跳蚤有2～5mm长，6条腿，侧面有一向外突出的膨大物（看起来就像被电梯门挤过一样）。它们大约能跳起20cm高（相当于人跳起帝国大厦90%的高度）。

跳蚤只以其宿主的血液为食。它们的寿命在16天到21个月不等，而且在合适的环境下即便没有食物也能存活长达1年的时间。实际上，它们生命周期的大部分时间都不是在其宿主身上度过，只有当它们成年之后才会开始吸食它们宿主的血液。当它们吸食过一次血液之后，它们就会达到性成熟并进行繁殖，并会在几周之内死亡。雌性跳蚤一天产卵可以多达50枚，产卵后它们就会从狗身上脱落。当这些卵孵化成幼虫，它们会以跳蚤的排泄物为食（是的，跳蚤幼虫以它们父母的粪便为食），同时它们会钻进狗的皮肤并定殖。

跳蚤确实很讨厌，但你又不得不承认它们十分了不起。跳蚤会引起瘙痒、失血、炎症以及过敏性皮炎。要尽量远离跳蚤，不要让跳蚤有机会在皮肤上定殖。

蜱虫

蜱虫是一种有着8条腿的蛛形纲动物。蜱虫十分危险，因为它们会引发很多种疾病（包括莱姆病，一种危害性极大的传染病）、过敏、贫血、严重的失血以及蜱虫性瘫痪。蜱虫的成虫长3～5mm，其体长与它们吸食的血量有关，它们的卵、幼虫和蛹也是体长的一部分。狗通常会在春季和夏季接触绿色植物后而感染蜱虫。蜱虫可以从狗周身向头部、耳朵或颈部爬行。蜱虫在整个生命周期中会吸食其宿主的血液3次。雌性蜱虫是最容易辨别的，因为它们在吸饱血之后体型会更大。每只雌性的蜱虫一生中可产卵5000～6000枚。

我们应该经常检查狗的身上有没有蜱虫（尤其是春天和夏天的时候）。蜱虫看起来就像狗的皮肤上痣样的肿块，要找到这讨厌的小东西可能需要翻遍狗身上的毛。通常它们的头和大部分腿都埋在皮肤里，外面只能看到它们吸得饱饱的身体和几条后腿。拔出蜱虫时应首先用外用杀虫剂将之杀死，然后再用镊子或小的塑料的专用工具将其拔出。

螨虫

3种危害比较严重的螨虫是疥螨（会引发犬类高度传染性的疥疮）、蠕形螨（引起犬类非传染性的蠕形螨病）和耳螨（主要寄生在犬类的外耳道和内耳道）。

这3种螨虫都不是很友好，并且它们都小于0.5mm，所以大多数螨虫肉眼是看不见的，但是兽医可能仅通过感染狗的耳垢就能确诊耳螨。目前为止，危害最严重的螨虫是疥螨。疥螨也会造成人类的感染，而且它们通常会钻进皮肤深层而很难被发现。疥螨会分泌毒素和过敏因子，从而使患狗发炎、易怒，这些病理反应会引起狗搔抓、磨蹭或啃咬患处。相反，蠕形螨通常是寄生在狗的毛囊中，而且蠕形螨很少会引起病变，除非蠕形螨的数量过多时。蠕形螨会引起狗的皮毛上形成白色糠皮样斑块，这种情况需要连续使用杀虫滴剂进行治疗。

4.06 什么是眼眵（眼屎）？

眼睑内侧的黏膜称为结膜，它们会分泌一层薄薄的黏液，称为眼眵（眼眵和泪液不同，泪液由泪腺分泌并且含水更多，可将进入眼睛内的异物冲洗掉）。眼眵是一种黏滑的、水基的分泌物，眼眵中含有很多物质，包括可以抵抗感染的抗菌酶、可识别细菌病毒或异物的免疫球蛋白和具有抗菌活性的无机盐和糖蛋白等，所有这些物质被黏液融合在一起形成了一种神奇的黏性胶状物。

眼眵的功能非常强大，它可以保持眼睛的健康和柔软，也可以抵抗微生物的侵袭。眼睛会持续分泌眼眵，而且每次眨眼时，眼眵会被眼泪冲洗掉。当狗（其实人也是这样）睡着时，泪液的分泌会减少，因此大量的眼眵就会从眼睛流出，并脱水（眼眵里的水分被蒸发），只留下带有硬痂的胶状物和溶在其中的其他组分。

同样的过程也会发生在我们人类的眼睛中，也会发生在我们的鼻子里，当鼻腔黏液（也叫鼻涕，也包含很多和眼眵相同的成分）变干后就会形成一种脆脆的东西。把眼睛分泌的这种东西称作“眼屎”（eye bogies）是再合适不过了。

有少量的眼屎是正常的，小心地把它清除就可以（清除时一定要注意，因为这个部位是狗面部敏感的区域）。但是如果你的狗产生的眼屎多于平常或者眼屎中混有脓汁时，在清理狗的眼屎时手上会沾上黏性脓性分泌物，这有可能是结膜过敏引起的，这个时候你就要带着你的狗去看医生了。

4.07 狗的呼吸

狗的呼吸变化很大，而且通常与它们口腔健康息息相关。当我的狗狗Blue刚吃完猫咪的呕吐物就立马来舔我时，那种味道实在让我无法忍受。狗呼吸时难闻的气味和人很相似，我们称之为口臭，但是口臭这个词指的是症状，而不是病因。口臭通常是由牙菌斑、齿龈疾病及舌背侧细菌增殖所致。牙菌斑是生长在牙齿上的细菌或真菌的代谢产物所形成的一种黏性物质，会导致蛀牙（因为细菌会降解糖分生成酸腐蚀牙齿）。牙菌斑的生物膜会使其下面的厌氧菌大量繁殖，导致炎性牙周病并影响牙龈、结缔组织和骨骼的健康。另一种常见的口腔疾病是牙龈炎，是发生在牙齿和牙龈之间的凹槽处的炎症，也会导致口臭。

细菌喜欢寄生在牙齿表面的细缝中，因此解决狗的口气的最有效的方法是用特制的牙膏给它们刷牙。另一种方法（也很昂贵）是使用特殊的牙科处方粮，同时配合牙科的处理，即进行刮牙术（去除牙菌斑）和抛光（将牙齿表面的细缝磨平）。

4.08 狗为什么经常舔生殖器？

所有的狗都会舔自己的生殖器，这已经成为它们日常活动的一部分了。当我们看到狗的这种行为时可能会感觉不适（尤其是当它们舔完生殖器后就立刻来舔我们的脸），但是它们这么做完全是为了私处的卫生。如果没有卫生纸、沐浴乳和流动的冷水或热水，我们也可能会做同样的事。狗会在排便或排尿后进行舔舐，以保证私处的洁净（因为舔舐粪便或尿液而患病的风险可能会比它们舔过的地方感染的风险要低）。

下面让我们来探讨一下黏膜。黏膜是机体中需要保持湿润的结构，而且通常分布于体表，比如眼睛、鼻孔、口腔、肛门、阴茎或阴道以及生殖道。黏膜会产生黏液，一种黏稠的液体有助于杀灭入侵机体的任何细菌、病毒和真菌。但是狗有时候需要清理多余的黏液、汗液、分泌物以及各种黏膜的排泄物。有时候黏膜中的腺体会分泌过多的黏液，因此需要把多余的黏液舔掉以保证局部的卫生。虽然我们人类可能认为这种行为很恶心，但这完全是狗正常的行为。

如果狗过于频繁舔舐生殖器，可能是由疾病引起的，比如泌尿道的感染、过敏、皮肤感染或者是肛门腺的疾病，如果发生这种情况应该立即就医。

4.09 让狗舔你的脸到底好不好?

为什么狗喜欢舔舐面部呢？舔舐面部通常是一种喜爱的标志——狼会通过舔舐面部来欢迎独狼回归狼群，小狗会通过舔舐面部来增进彼此之间的感情。同时，舔舐面部也是为了保持卫生。

但是舔舐面部还有其他用途：在野外，母狼会在外出打猎的时候进食，当母狼回来后小狼会通过舔舐母狼的面部促进母狼的逆呕，从而获得食物。在狗群中，它们会通过舔舐面部进行低等级成员和更高等级成员之间的交流。顺从的狗会通过对领头犬的屈膝和舔舐来表明它们知道自己在狗群中的位置，领头犬则趾高气扬地站在那接受舔舐但从不做出回应。这看起来可能像是一种毫无意义的示弱行为，但当每一只狗都知道自己位置的时候，会使复杂的狗群结构更加稳固。

这样看来，你的狗舔舐你的脸可能是因为正向强化：因为以往当你的狗舔你的脸时你都做出了积极的回应，会微笑、大笑甚至可能会拥抱它，现在它再次舔你的脸是想要更多的类似的回应。这样来说，把舔舐看作是亲吻也并不是很牵强。

但是狗的亲吻里都包含着什么呢？其实这里面混杂着细菌、病毒和酵母菌（做开胃菜用的酵母）。当然，我们人类的口腔中也有少量的微生物，但是我们宠物的口腔中还包含着从它们舔舐过的地方带来的微生物，比如粪便、灰尘、它自己的屁股、其他狗狗的屁股、它们自己的生殖器以及其他狗狗的生殖器……你们应该已经明白我想表达什么了。狗的唾液（和人的唾液相似）也含有抗微生物的化合物，这些化合物可以清洁伤口并促进伤口愈

合，但是有些唾液的功能仅适用于狗，我们人类的免疫系统可能不能抵御这些病原微生物。一篇发表于《美国科学公共图书馆》（*PLOS ONE*）杂志的研究表明，狗的口腔中的微生物只有16.4%与人类口腔中的微生物是相同的。然而，大多数微生物学家可能会说我们不应该担心微生物组成的差异，因为大多数微生物并不是有害的，而且有许多还是有益的。但是这并不代表没有人兽共患的（威胁人类健康）微生物，比如大肠埃希菌（E. coli）、沙门氏菌（Salmonella）和艰难梭菌（Clostridium difficile）。

尽管你没有因为狗的舔舐而被感染，但也是有这种可能性的。年纪大或者是有免疫缺陷的人群受到感染的风险会更大，并且当我们有任何外伤或者舔到我们的黏膜时，我们应该特别注意防止感染的发生。但还是有一点要明确，那就是我们整个世界就是充满了不可见的微生物的环境，所以偶尔的舔舐可能也不会对我们产生太多的影响。

4.10 为什么狗喜欢闻其他狗的屁股呢?

为了能理解这个问题，我们需要改变一下我们的认知，那就是关于狗看待世界的方式。其实，狗并不是在“看”世界，至少不是像我们一样去看世界。人类主要的感知就是视觉，而且我们大脑皮层的大部分区域也都是负责处理视觉信息的。相反，狗狗的大脑更适合处理味觉信息。狗的大脑中处理嗅觉信息的部分要比人类大40倍。狗对世界的印象更多是通过嗅觉建立的而不是视觉，这也是我们难以理解的地方。

狗仅通过闻其他狗的屁股或生殖器（尤其是尾上腺或是位于肛门两侧的肛门腺）就能获取大量的信息。因为大多数狗外出活动时都是不穿衣服的，因此闻起来也比较方便。屁股和腺体会包含年龄、性别、情绪、健康状况、生殖能力以及其所处的生殖阶段等信息。我们可以这样说，如果人类可以像

嗅觉敏锐的狗

狗的嗅觉能力是人类嗅觉能力的10000 ~ 100000倍。

狗一样不是单单通过外表来评判一个人，那么我们将会更加幸福。但是，闻屁股这种事可能并不是开启积极社会改革的一种最好的方式。

奇怪的是，母狗和公狗闻嗅的行为是不同的。发表在《人类动物园》（*Anthrozoös*）杂志上的一项研究表明，母狗在闻嗅过程中主要集中在头部区域，而公狗则是集中在肛门周围（不管对方是公狗还是母狗），很有趣是不是?

为什么公狗会闻我们的裆部呢?这是因为我们人类也会散发气味（尽管我们自己闻不到）。在我们生殖器或屁股周围分布有密集的汗腺，这些腺体也会产生信息素（也和狗狗一样），其中包含我们的性别、年龄、情绪、健康状况以及月经周期等信息。我们和狗狗虽然不是同一个物种，但是这些信息素却和狗的极为相似，因此会使狗产生好奇。当然，狗并不知道它们的行为对于我们而言是粗鲁的，会引起我们的不悦，狗仅仅是对我们散发的“信息”很感兴趣罢了。

4.11 为什么狗会吃屎？

食粪癖（吃屎）是一个令人反感恶心的话题，但是在动物王国中却非常普遍。我曾经见过狒狒吃它们自己的粪便，而且这种行为在大象、苍蝇、犀牛、大熊猫和水豚（世界上最大的啮齿动物）中也都存在。蜻蜓、苍蝇和甲壳虫都以粪便为食，尤其是那些草食动物的粪便（因为这些粪便中含有很多半消化的食物），很美味。白蚁会吃其他白蚁的粪便从而共享它们的肠道微生物，这使得它们能消化坚硬的纤维。兔子和野兔进食夜粪（它们两种粪便中更软的一种粪便），使它们能对植物的养分进行二次吸收。像仓鼠和刺猬这种小型哺乳动物会从它们的粪便中获取营养（肠道微生物在分解食物的过程中会产生B族维生素和维生素K）。一些幼龄动物，比如小象和树袋熊，它们在出生时肠道是无菌的状态，因此进食富含微生物的成年动物的粪便可以使它们获得能帮助消化食物的细菌。

但是狗进食粪便并不会给它们带来任何益处啊，是这样吗？目前还没有学者能完全确定狗为什么会有这种行为，但是有兽医师提出，有些狗吃粪便是为了重新平衡它们消化系统中的细菌或酶，因为进食现代过度加工的食物会使它们缺乏这些组分。实际上，狗通常只会吃那些新鲜的富含微生物的粪便而不会吃那些坚硬的陈便，这似乎可以支持上述观点。食粪癖可能预示着营养素的缺乏，但这种行为在健康的狗中也很常见，尤其是小狗。食粪癖和在粪便中打滚都属于互效行为，也就是通过观察其他狗的行为而学到的。

狗妈妈为了保持卫生会舔舐沾有粪便的幼犬的屁股，有时候还会吃掉幼犬的粪便，幼犬可能就会模仿母犬的行为。因此，狗对强烈气味天生的好奇心可能已经成为一种习性。让狗改掉吃屎习惯的最好的方法是，每次见到它们吃屎的时候都要温柔地、坚定地并坚持不懈地阻止它们。

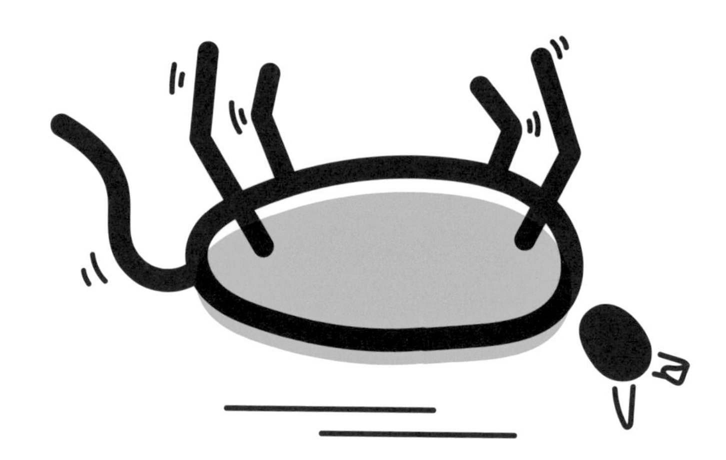

4.12 为什么狗喜欢四角朝天地躺着?

仰躺着、四肢展开、露出生殖器、头向后甩同时颌骨打开露出牙齿，这些行为最能体现动物的自信，这也是“享受生活”的最好的表达方式。但不光是我自己这么做，狗也会这样。

当狗或猫仰躺着睡觉的时候，它们身体最脆弱的部分也会暴露出来，因此只有它们感到自信、安全、舒适以及没有威胁的情况下才会这样。这可能也是野生动物或睡在户外的狗很少这样做的原因吧。翻过身子露出肚皮也是一个顺从的狗对领头犬做出的一个逆本能的行为。尽管你们可能认为顺从的犬在领头犬面前暴露自己的弱点是一件再糟糕不过的事，但这却可以避免打斗，并表明它并没有挑战头犬统治地位的想法。这个姿势和平常睡觉的姿势是完全不同的，因为它同时会伴随着其他焦虑的行为，比如快速地小幅度地摆动尾巴、尾巴弯曲同时身子紧张。

目前并没有太多关于狗的仰卧的研究，但是却有很多不同的观点。比较有说服力的是体温调节理论和一个很好的古老的拉伸理论。狗只有脚会流汗，因此让四只脚举在空中可以加快汗液的蒸发冷却。狗狗肚子上的毛发也要比背部的毛发更稀薄，因此露出肚子更有利于散热。同时仰躺也可以拉伸狗的肌肉，我们人类也会享受拉伸的过程，因为拉伸会让我们感到放松并缓解关节疼痛，狗也会有同样的感觉。

第 5 章
关于狗的行为的奇怪科学

5.01 狗会感到内疚吗？

几乎不会。大约有3/4的主人认为他们的狗会感到内疚，有约一半的主人认为他们的狗有羞耻心，但其实狗并不会有以上两种情绪。狗狗能够产生开心或恐惧等主要的情绪，并且会和人类一样在产生情绪时分泌相应的激素：高兴时会分泌血清素和多巴胺，害怕时会分泌肾上腺素和促肾上腺皮质激素。但是内疚和怨恨一般认为是更复杂的二级情绪，需要一系列的思维活动（就是把不同的精神状态归咎于它们自己或其他人的能力）。尽管一些研究已经找到初步的证据表明狗会试图欺骗人类，并且会把好东西藏起来不让其他狗看到，但是这并不足以表明狗具备产生愧疚的能力。

那么，为什么狗做了惹我们生气的事情之后常常看起来会是十分愧疚的样子呢？当你发现你的狗在地毯上拉了一泡热气腾腾的便便或是撕碎了你最爱的鞋子的时候，它们可能会表现出一些行为让你认为它们很内疚，这些行为包括躲闪、夹起尾巴、耳朵后翻、垂头丧气、眼睛向上盯着你或是躲着你等所有种种。但是它们仅仅是“看起来”很内疚罢了，因为我们人类习惯用我们的思维方式去理解事物。于我们而言，它确实有作用，因为我们所熟悉所钟爱的动物在做错事后会感到内疚。更进一步说，我们希望狗看起来很内疚，这样我们就能克服重重困难原谅它们。

实际上，那些内疚的表现其实是狗害怕的表现。它们已经进化出能理解人的语调和肢体语言的能力（请记住，狗理解语调和肢体语言的能力要比我们人类更强），这些也可能是后天学到的行为：狗会记得以前做错事时如果表现出愧疚或害怕的样子它所受的惩罚会减轻，主人也会很快消气。2009年一项发表在《行为过程》（*Behavioural Processes*）杂志的有趣的研究表明，不管狗狗有没有吃过零食，被主人责骂（因为吃零食）后都会表现出愧疚（实验中心研究人员告诉一些主人，它们的狗狗很顽皮会偷吃零食，即使事实并非如此）。

嫉妒则有些不同。在一项于2014年发表于《美国科学公共图书馆》（*PLOS ONE*）杂志的研究中，研究人员让狗能看到它们的主人对其他狗或其他静物（比如玩具狗或书籍）表现出喜爱，当狗发现主人对其他的狗（而不是静物）表现出喜爱时，它会表现出更多的嫉妒行为，比如急躁，或挡在主人和那只狗中间并且与主人进行亲密的接触等。一项2008年发表于《美国国家科学院院刊》（*Proceedings of the National Academy of Science*）杂志的研究也表明，当狗狗发现别的狗狗因为某些活动获得奖励而自己却没有奖励的时候，它便不再配合研究人员的工作。这其中可能有很多原因，但这却表明狗能够感受到一种原生的嫉妒情绪，这是一种让狗狗觉得公平对它们也很重要的感觉。狗的这种行为不难被理解，因为狗毕竟是社交型捕猎者的后代（这些捕猎者需要通力合作并过着和谐的群居生活）。

传奇的狗

太空狗莱卡

莫斯科的流浪狗必须忍受极端的寒冷和饥饿，
所以1957年，苏联科学家选择了一条温驯的流浪的杂种狗
作为第一只进入太空环绕地球运行的狗。
一开始的时候他们给它取名为小卷毛，
后来改名为莱卡。
然而，对于莱卡来说，乘坐Sputnik 2号人造卫星的旅行
注定是悲剧的结局，
因为在发射之初就没有将莱卡活着带回来的打算
（这也是在发射后不久才公布的），
这也激怒了一些关注这件事的群众。
当时政府声称在氧气用尽以前莱卡就已经被执行安乐死了。
但2002年发现，在发射过程中莱卡的心率升高了3倍，
呼吸频率升高了4倍。
虽然莱卡活着到了预定轨道上，
但是可能因为过热和应激在7～8小时内就已经死亡了。
据了解，苏联在1951—1966年间
曾将71条狗送入太空，其中有17条死亡。
1997年，在俄罗斯的太空研究所竖立了莱卡和人类宇航员的雕像
以纪念他们的事迹。

5.02 为什么狗会摇尾巴？

这是显而易见的，不是吗？狗之所以摇尾巴是因为它们很开心。但是背后还有更有趣的原因。实际上幼犬完全有摇尾的能力，完全可以从出生开始就摇尾巴，但是它们却直到6～7周时才开始摇尾巴，这也是它们开始社交的年龄。

尾巴最初的作用是为了保持平衡：当狗走过狭窄的路面时，它的尾巴会左右摇摆以矫正身体。尾巴也有助于狗在急速奔跑时进行急转弯，帮助它们保持平衡，以防失控旋转，这在它们捕猎过程中也是极为重要的。

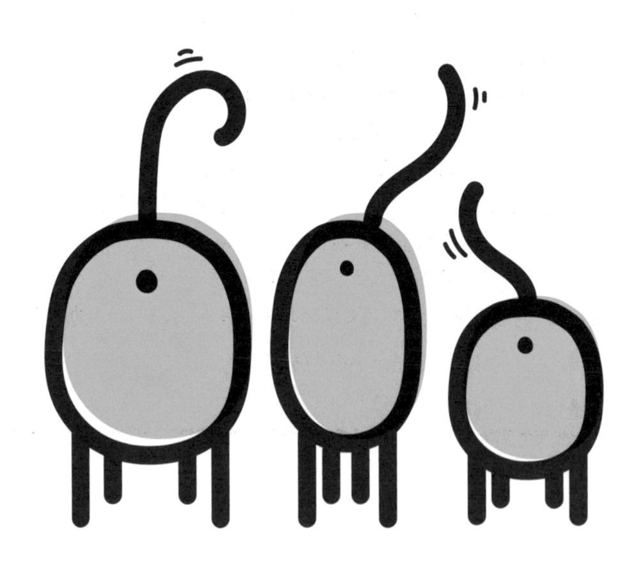

然而，在休息状态时尾巴没有什么实质性的作用，因此在这种情景下尾巴就进化成了一种交流的工具。狗是社会型动物，过着群居的生活（不像猫），因此具备多种交流能力对于它们而言是十分重要的，可以帮助它们避开袭击、进行捕猎、生存和繁殖，并在不产生冲突的情况下共同哺育后代。就像我们前面提到的一样，幼犬是在开始社交之后才摇尾巴的。它们通常在进食的时候摇尾巴，这表明即使不久前它们还在嬉戏打闹，但现在却很平静。

摇尾巴确实可以代表高兴，但也可能代表恐惧、挑战或更糟糕的感觉，这也是狗比人类善于察言观色的众多表现之一。狗摇尾巴的高度（通常与它们的身高有关，且不同品种的狗休息时尾巴的高度也不同）其实极具表现力：中等高度摇尾巴表明狗很放松，尾巴摇得很低表明很顺从，但直立的尾巴则表明统治地位，如果狗的尾巴小幅度快速地摇摆则表明它可能是准备发起进攻了。

世界上最长的狗尾巴

根据吉尼斯世界纪录，最长的狗尾巴是76.7cm，
这个纪录是来自比利时韦斯特洛市的一只叫Keon的爱尔兰长毛猎犬。

5.03 狗向左或向右摇尾巴代表什么意思?

狗摇尾巴向左更多还是向右更多取决于它们的情绪状态。一项发表于《当代生物学》(*Current Biology*)杂志的研究选用了30只宠物狗，并让它们分别和它们的主人、陌生人、猫或另一只强势的狗相处。当它们和主人相处时，它们会用力地摇尾巴，而且更多是向右边摇。然而当与陌生人相处的时候，它们只是轻轻地向右摇尾巴。和猫相处时它们尾巴摇得非常缓慢，而且是强迫性地向右摇尾巴。但是当面对一只攻击性强的狗时，它们会向左摇尾巴。

似乎当狗有积极正向的感觉时会向右摇尾巴，而当有消极负面的感觉时则会向左摇尾巴。这种偏好可能是狗进化出来的一种方向性的交流方式：向右摆尾巴会使周围的狗感觉放松，而向左摇尾巴则会把其他狗吓跑。

但这可能也和狗的大脑左右半球不同的功能控制有关。狗向左摇尾巴主要是由大脑右半球控制的，大脑右半球主要负责紧张的情绪，比如恐惧和进攻，因此会表现为负面消极的反应。向右摇尾巴主要是大脑左半球控制的，左半球大脑主要控制积极正面的情绪。

摇尾巴是件很复杂的事情

狗摇尾巴在不同情况下有不同的意义。
因此我们应该十分小心仔细，它可能代表狗很高兴或好奇，
也可能代表狗要发起攻击。

其他一些研究表明，狗在受到威胁时习惯将头向左歪，并且许多其他动物，如蟾蜍和马，当看到左侧有潜在的威胁时会做出强烈的回避性反应，而威胁在右侧时则不会有这种反应。狗也会这样。研究发现，狗听到恐怖的暴风雨的声音后会把头转向左侧，而听到更熟悉的狗吠声则会向右转头。

5.04 你的狗有多聪明呢？

和猫不同，狗非常善于学习，而且对于狗的这种行为人们也已经做了大量的研究。狗非常听话，而且会以食物奖励为导向，它们喜欢取悦人类，而且对试验环境的适应能力非常强。你甚至可以让它们在极其嘈杂的核磁共振扫描仪中执行命令，以便于科学家扫描它们的大脑。如果你想让猫也做同样的事则很难。虽然狗素来以它的高智商著称，但它们的大脑却相对较小（大约是一个柠檬那么大，但不同品种之间也有差异），而且在许多工作中的表现并不如其他动物表现得好。

大多数动物认知学家指出，把狗的聪明程度和其他动物（比如人、鲸鱼或蚂蚁）的聪明程度进行比较是不可取的。狗的聪明主要是为了保证它们的种族可以顺利地存活并繁衍下去，特别是被驯化的犬（一个掠食性的社交型猎手）。同样，鲸鱼的智慧和生理机能是为了它们的水中生活（食物来源和捕猎）而生。而蚂蚁生活在一个复杂的社会中，很显然如果蚂蚁像人一样聪明（同样的智慧、需求和个性），那么它们的社会可能就无法正常运转。大脑体积本身并不是反映智力的特异性指标，蓝鲸的大脑重量为9kg，而沙漠蚁的大脑只有0.00028g。但脑重占体重的比例却能反映智力，狗的脑重与体重的比值为1∶125，而人类的为1∶50，马为1∶600。也就是说，我们还可以在其他方面，比如记忆、自我认知、算数、感知能力、空间感、社交能力以及对物质的认知（对现实世界的理解）方面进行比较。

狗可以记住165个单词和指令（最聪明的前20%的狗可以记住多达250个单词），可以数到4或5，并且会为了得到食物而欺骗人类或其他狗狗。后面一点很重要，因为这表明狗可能有基本的心智（这一点我们前面也提到过，是一种能把各种心理状态归因于自身或其他事物的能力）。狗非常善于理解人类的肢体语言和表情，并且会遵从人类的指示（猫、大象、海豹、雪貂和马在某种程度上也能这样做）。这一点很重要，因为这是一个物种间概念性信息的交换过程（也就是狗知道我们对我们想要分享的东西很感兴趣），这

传奇的狗

莱西（Lassie）

1938年英国作家艾瑞克·莫布里·奈特出版了一部小说
《灵犬莱西》，后来被拍成了电影，
并在1943年成为米高梅的热门电影
（不幸的是，作家奈特在发生在南美洲的一场空难中遇难）。
莱西因为奔走求助、带领人们远离危险，
并把流浪狗送回家等事迹而出名。
莱西成了很多电影和电视节目的常客，而且备受喜爱，
其中哥伦比亚广播公司（CBS）的节目《莱西》
在1953—1974年间播出了惊人的591季，
剧中有很多只苏格兰牧羊犬扮演过莱西。
第一个扮演莱西的是一只雄性的苏格兰牧羊犬Pal
（虽然小说中的莱西是一只母犬），
它出演了前六部电影并且试演了两集电视节目。
Pal的许多子女也分别出演了后续的电影和电视剧。

也可能是许多学者对这一行为进行研究的原因。指示犬也会通过一动不动地盯着某处的方式回报我们，它们通常会抬起一只爪子或嘴朝着它想让我们看的方向，以告诉我们诸如猎物这样有趣事物的位置。

狗的复杂性中非常有趣的一面是它们会“聪明地反抗”。这是导盲犬的一项非凡的技能，如果它们感觉主人的命令会使它们陷入危险，那么导盲犬就会拒绝执行主人的指令，这与它服从主人的训练行为相矛盾。但情况会变得更复杂，比如，如果前方有一段楼梯导盲犬拒绝继续前行，那么主人可以通过用一段口令让其理解主人知道前方有楼梯，就可以命令其继续前行。但是如果此时主人用错了指令（比如它们认为前面只是块石头而不是楼梯），那么导盲犬仍然会拒绝继续往前走。只有在当时情况下导盲犬听到了正确的指令，它们才会让主人继续往前走。如果当导盲犬遇到了悬崖或绝壁，它会直接拒绝往前走。耶鲁大学的一项研究表明，导盲犬比三四岁大的孩子拒绝糟糕指令的能力还要强。

有趣的是，雌性犬有物体恒存的意识，但雄性犬却没有这一意识。物体恒存的概念指的是物体不能转换成其他物体，即我们即使看不见它，它也不会从人间蒸发（对这一理念人类花了很长时间才认识到）。从某种程度上讲，狗也能通过预测主人什么时候回家来感知时间。

狗可以理解人和其他狗的感情，它们会利用人类帮它们解决一些问题（这可能表明狗很聪明抑或是有点儿蠢），而且它们还有“情景式”记忆的能力（就是记住每天发生的事）。德国莱比锡市的马普研究院（Max Planck Institute）的演化人类学部对一只叫Rico的德国牧羊犬进行研究，结果发现它能记住200个物体的名字，并且能够用排除法推测一个新事物的名称，进行快速映射（快速地推测出新单词的含义）。也就是说，它能完成以下任务：研究人员会给Rico看一些它没有见过的东西，然后让它根据它从没听过的名字去辨识一个新事物，而且名字和物品必须是对应的。它还能把物品交给特定的人，有人可能认为这没有什么大不了的，但要知道，人类要到3岁左右才能学会这一能力。

一项2018年发表于《学习与行为》（*Learning and Behavior*）杂志的研究表明，认知力并不是狗独有的，黑猩猩、海豚、马和鸽子也有这种能力。像许多其他物种一样，狗的洞察力和感知力非常好，狗同样有很好的空间感知能力，但狗的理性认知却不如其他物种。狗的社会认知能力也很好，但黑猩猩会更善于欺骗和产生同理心，而且黑猩猩和海豚在自我认知测试中的表现也更好。鸽子的模式认知能力和导航能力要远远强于狗。黑猩猩可以使用工具，浣熊在拉线的任务中表现更好，绵羊更善于面部识别。但爱狗人士也不应该沮丧：虽然狗在一些特殊领域的能力不如其他动物，但狗在许多不同的智力相关领域的能力一直表现良好，而且它们在如何做好自己（刚被驯化不久的社交型猎手）这方面的表现也是极优秀的，难道这些还不够吗？

5.05 你的狗爱你吗?(还是仅仅是需要你?)

当然，我们都认为我们的狗是爱我们的，它们一见到我们就会很开心，会和我们一起闲逛，渴望和我们一起玩耍，而且会通过摇尾巴和舔我们脸的方式向我们表达亲昵。但是，狗的这些行为只是为了得到它们想要的（关注、食物和一起玩球）吗？要弄清楚这一点，我们首先必须放下我们关于爱的模糊的概念，把它看作一种无法定义的、神奇的东西，并且要把我们的情感彻底剥离（所有有关浪漫的情感也一样要剥离），然后这个时候的爱就只和生化有关了。

我们可以根据分泌激素的不同（由机体的腺体分泌并影响行为活动的物质）把爱分为三个基本的生物化学系统。第一个生化系统（其实与人和狗之间的爱没有什么关系，但却很有趣）是性吸引力，涉及雄性激素和雌性激素的分泌和释放，而且这两种激素是人和动物生殖周期中很重要的激素。

第二种生化系统，也就是吸引力，对于你们对宠物的爱来说更为重要一些。参与这一系统的化学物质包括多巴胺（一种激素，同时也是一种神经递质，会使我们感觉快乐）、血清素（一种复杂的神经递质，许多人称它为“高兴化合物”，但最好的称谓应该是情绪稳定因子，或者更古怪的叫法是“凝血”因子）和去甲肾上腺素（可以产生兴奋的激素）。当我们和狗互动时，狗和我们体内的这些激素都会产生变化。

第三种生化系统是依恋，这个系统涉及更多的生化交互作用。当主人和狗互动时，狗的激素水平就会和依恋宠物的人类一样发生类似的变化：催产素升高5倍，内啡肽和多巴胺的水平升高2倍（而且有趣的是，当宠物和主人盯着对方的眼睛看时，也会发生类似的变化）。激素的这些变化与羁绊、快乐和高兴息息相关。

还有一些其他关于狗对主人爱的证据。神经学家格雷戈里·伯恩斯（Gregory Berns）博士利用功能核磁共振技术（通过检测大脑中血流的变化来观测大脑的活动）进行的一些惊人的研究表明，只有狗十分熟悉的人类的行为才能激发狗尾状核（与积极期望相关的大脑的一个区域）的活动，但陌生人却不行。

问题是，虽然我们知道狗的体内基本的“爱”的生物化学过程和人类是一样的，但它们却不能告诉我们它们所体验到的爱是不是和我们人类是一样的。但值得注意的是，人与狗之间互动所产生的生理反应要比狗和狗互动时产生的生理反应要强。当然，更吸引人的可能性是狗感受爱、高兴和开心的能力要比人类更强，而不是更弱，而这种可能性可以让认为生物化学过程已经将浪漫从“爱”这件事中全部剔除的那些人心中产生一丝丝的触动。

狗没有复杂的情感

狗只有基本的自我意识，不会产生愧疚感。

然而，它们会对其他狗产生同理心或是嫉妒情绪。

5.06 我的狗在想什么呢？

要知道狗是怎么想的是件很困难的事，因为它们不会说话。虽然人类有复杂的交流手段（比如语言、艺术、音乐、戏剧和舞蹈等）辅助我们交流，但是要知道我们人类同伴在想什么也是件十分困难的事。一个人可能通过各种不同的方式感受爱、愧疚或信任，就像狗可以感受到高兴是一样的，但狗和我们的感受方式是不一样的。

但我们可以通过观察狗的大脑来了解狗的想法。为了试着去了解狗的想法，神经学家格雷戈里·伯恩斯（Gregory Berns）博士和他的研究团队对狗进行训练，让它们会自愿跳到功能性核磁共振扫描仪（fMRI）中接受脑部的扫描，研究结果刊载于一本很棒的书中——《成为一条狗狗会是什么样子》（*What's It's Like to Be a Dog*）。伯恩斯博士发现，狗的大脑的工作方式和人类（以及所有哺乳动物）惊人的相似。他推测，正是因为我们与狗有很多共有的神经活动，所以我们也会有相似的主观上的体验。他还发现从神经学角度来讲，狗是有个性的，因为经历相同的体验后，不同的狗会产生不同

聪明的狗

狗的智力相当于2岁的儿童，

一般而言狗能够理解165个单词和手势。

的神经活动。狗的主人可能认为狗有个性是件显而易见的事，但这却是动物行为学家们一直在反复确认的事。

那么，狗到底会不会对人类产生同理心呢？它们会和我们一样感同身受吗？2011年一项发表于《动物认知》（*Animal Cognition*）杂志的研究发现，当你的狗面前出现一个哭泣的陌生人时，它们会闻嗅并舔舐那个陌生人，而不是它的主人你。研究人员认为，狗会对人类产生同理心。但他们又补充到，从严格的科学角度讲，这种现象也可以解释为“情绪感染”且伴随着一些后天学到的行为（它们可能只是之前在安慰沮丧的人时获得了奖励，而不是真的产生了同理心）。

狗确实非常喜欢我们，一些研究甚至表明它们喜欢我们胜过喜欢其他狗。我们可能就简单地认为这是件理所当然的事，但是要知道一个物种和另外一个物种一起玩耍并建立联系是件非同寻常的事。2015年一项发表于《当代生物学》（*Current Biology*）杂志上的研究利用功能性核磁共振扫描技术扫描了狗的大脑，结果表明，狗能辨识出陌生人在高兴、悲伤、气愤或恐惧时所表现出的面部表情。

就其本身而言，所有这些都不能证明狗可以像我们一样思考，但还有更进一步的证据。有证据表明狗更喜欢那些帮助过自己主人的人，而且它们的大脑对大笑或咆哮会产生和人类大脑一样的反应，同时也会和我们人类情绪共享。关于狗同理心的研究中，我最喜欢的是意大利那不勒斯菲里德里克第二大学（University of Naples Federico Ⅱ）的比亚吉奥达尼洛（Biagio D’Aniello）进行的一项研究，他发现狗可以通过汗液闻出我们的情绪，然后它们也会产生和我们一样的情绪。我就知道是这样！

5.07 为什么狗会打哈欠？

人类打哈欠的原因至今还未明了，但是我们知道打哈欠与疲劳和无聊有关，也和压力有关，而且打哈欠也会传染。上学的时候我们经常会举办打哈欠大赛，比赛中我们都会尽可能夸张地打哈欠，直到最后把老师弄得也打哈欠为止。那是非常快乐的日子。但狗的哈欠却和我们的不同。

狗有时候确实会因为疲劳而打哈欠，但狗打哈欠大多是因为压力和焦虑。当本来应该要带它去散步时，我还在不慌不忙地煮咖啡或者系鞋带，也可能因为忘带一些重要的散步所需的物品（旅行面罩、书籍、网球、耳机、粪袋、钥匙、脑子等）不断地走回房间时，我的狗就会变得沮丧，并不断地打哈欠。它的每一个哈欠就像在催促我，让我快一点儿，这让我变得更加手忙脚乱从而忘了更多需要带上的东西。可怜的小伙计。

驯狗师说，经常打哈欠的狗往往表现也不是很好，职业遛狗人说狗在面对一只凶悍的狗时也会打哈欠。打哈欠在狼群和狗群中也是传染的，尤其是当它们面对压力时。但实际上，非压力性的哈欠在人和狗之间也具有传染性。东京大学（University of Tokyo）的研究人员发现，狗见到熟悉的人打哈欠时也会打个哈欠回应。研究人员认为这是同理心的一种表现，打哈欠在狗之间的传染性也类似于人之间的一种共情方式。

5.08 为什么狗感觉困惑的时候会歪头？

当主人和它们交谈时，很多狗都会把头歪向一侧。当我的狗不明白我想表达的意思时也会这样做，我经常会对它说一些晦涩难懂的话，这时它就会歪着头——那真是太可爱了！很少有研究或明确的答案能解释狗的这种行为，这也就使得关于这方面的观点五花八门，下面就是其中一部分。

许多兽医都认为，狗在困惑的时候会歪头是一种与其他依靠听力解决问题行为相关的生理性行为（尤其是当它们试图确定声音来源时会做出这种动作）。这一观点相对可信，因为狗看起来确实是听到一些不懂的单词时才会歪头。不过，歪头这个动作并没有让狗能够理解你所说的话。也就是说，狗有很多进化上的怪异之处，这些怪癖没什么实质性的作用，但是也没什么不利的影响，因此在进化过程中得到保留。

心理学家斯坦利 · 科伦（Stanley Coren）写了很多关于狗行为和认知的书，他认为狗的鼻子遮挡了它们的视野，所以歪头可以让它们能更清楚地看到我们的面部，尤其是我们的嘴。另外，史蒂文 · 林赛（Steven R Lindsay）在他写的《实用犬行为和训练指南》（*Handbook of Applied Dog Behaviour and Training*）一书中提到，狗的大脑中控制中耳肌肉的区域和控制面部表情和头部活动的区域是相同的，因此它们歪头代表它们正努力地理解你所说的话，同时也在告诉你它正在听你讲话。

可能更浅显简单的理论才是更可信的。有一种理论认为，狗的这一行为是后天学到的，可能狗仅仅是因为喜欢我们人类看到它们歪头时的反应才会这样做。

5.09 狗为什么有时会“狂奔”？

狗时不时地会变得疯狂，从一个房间跑到另一个房间，在家具上跳上跳下，有时候还会追着自己的尾巴咬或转着圈跑。我的狗的“疯狂时刻”会在洗澡的时候触发，而且似乎它非常喜欢洗澡。这些奇怪的能量迸发的过程被不科学地称作FRAP（疯狂的随机活动期，Frenetic Random Actirity Periods），虽然这些行为很常见而且在猫中也有，但目前还不清楚其中的原因。

关于狗的“疯狂时刻”并没有确切的数据支持，我们可参考一下报纸、杂志、博客和各种各样人的意见。目前的观点可能是令人愉悦的、真挚的，并且可能其中的一两个还是正确的，但它们并不能代替事实。这里给大家总结出以下几条：

1. 这种疯狂似乎并不是神经性的疾病造成的，而且还是对狗有益的行为（只要它们别一头撞上洗碗机）。

2. 狗处于疯狂状态时不要追逐狗，因为这样会让它变得过度兴奋而灵活性会减弱，最终可能会一头撞上洗碗机。

3. 狗的这种行为一般会出现在进食后、洗澡后、散步回来后以及临睡前。

4. 这种行为在幼犬和青年犬中较为常见。

5. 之所以没有学者对狗的这种行为进行研究，是因为这种行为并不会对狗或其主人造成任何不良的影响，所以并不值得花费资金和时间去研究。

6. 狗的“疯狂时刻”也有其他名字，但我觉得叫“疯狂时刻”更准确。

以上就是对各方观点的简要总结。

狗的时间过得更快

是的，狗在很多方面超过我们：
它们有更高的体温、更高的血压、更快的心率和呼吸频率。

5.10 狗会做梦吗？如果做梦它们会梦见什么呢？

虽然狗并不会为经济收入发愁，也没有沉迷于游戏《我的世界》（*Minecraft*），却没有你想象中睡那么多。研究表明，指示犬一天中有44%的时间处于警觉状态，21%的时间处于半睡状态，12%的时间处于快速动眼期（REM，全部睡眠中最浅的，在这个阶段，大脑神经元的活动与清醒的时候相同），23%的时间处于深度睡眠状态。

要确切地弄清楚狗是否做梦几乎是不可能的，因为它们不善于把这件事告诉我们，但所有的神经学研究都表明狗确实会做梦。狗睡觉时大脑会产生和人类大脑相似的波形和活动，而且也会经历和人类相似的睡眠状态（包括快速动眼期，REM），睡觉时还会出现不规则的呼吸和眼睑震颤的表现。这些表现表明，这个时候的狗很可能正在做梦——当一个人在REM期被唤醒时往往会说他“正做梦做到一半”。我的狗Blue在睡觉时会低吟、咆哮和呜咽（我会说一些话去安慰它，但这到底管不管用谁也不确定），并且它的腿会抽动，所有的这些表现会让我认为Blue可能在做梦，梦里它正追着一只松鼠跑，实际上它确实非常喜欢追着松鼠跑。

狗会梦见什么呢？它们的梦可能是在回忆白天发生过的事或是在重现它们日常的一些行为，比如散步、看家护院、追逐松鼠、跑步、偷球、追松鼠、看家护院、追松鼠、追松鼠、追松鼠，不停地追松鼠……

5.11 巴甫洛夫效应是什么?

人们有时候会用“巴甫洛夫效应”这个词描述一种行为：一个刺激和另一个带有奖赏或惩罚的无条件刺激多次联结，可以使个体学会在单独呈现该刺激时，也能够引发类似无条件反应的条件反应。这种现象称为条件反射，并且这些反射都以非条件反射为基础。俄国心理学家伊万·彼得罗维奇·巴甫洛夫（Ivan Petrovich Pavlov，1936年逝世）是条件反射的权威，他也是在做狗的消化研究的时候偶然发现狗会发生不同频次的流涎行为。

巴甫洛夫设计了一个实验，实验中节拍器和蜂鸣器会在投食的时候响起，也会让狗流口水。狗会通过非条件反射将声音和投食联系在一起，然后就会在听到声音之后就流涎。通过这个实验，巴甫洛夫建立了一整套行为学理论，并应用到了不同的场景中，尤其是课堂上的老师们用得最多。老师经常会利用非条件反射管理课堂，让同学们积极主动或感到舒心（有时候可能是恐惧），可能是通过调暗灯光、设置留校学生列表或类似于连续击掌三次这种举动，而且学生们已经学会了看到这些举动时就会安静下来。

顺便说一下，很多人认为巴甫洛夫用铃铛作为投食的信号，但并没有证据证明这一点，实际上他用的是蜂鸣器、节拍器甚至可能是电击。如果你想显得知识渊博，那么当任何人提起巴甫洛夫的时候你就应该提到这件事，尽管这样做可能会让人们讨厌你。

5.12 为什么狗喜欢埋东西?

掩埋食物又被称为“贮存食物”，是进化过程中能保证狗在艰苦的野外存活下来的本能。狗的祖先会把多余的食物藏起来，以躲避捕猎者的视线，然后饥饿的时候会再挖出来，这种本能使狗的祖先存活下来的概率更大。当然，被驯化的狗并不需要保护它们的食物，因为它们的主人很爱它们，会满足它们的一切要求，但进化需要很长时间去适应，即使那些本能已经不再需要。实际上，狗还会将食物塞到沙发的后面，而且还会把玩具埋起来，这些都表明狗的本能会让狗做出一些不合常理的事。但有时候过多的埋藏行为也可能意味着异常的行为，比如无聊、焦虑或者是处于防御状态。

掩埋食物这种自私的行为可能对于社会型动物来讲显得很奇怪，但是即使一个成熟的狼群也会有怪异的时候，在分食猎物的时候有时候会发生冲突，但父母和兄弟姐妹却会和幼犬自由地分享食物。

松鼠、仓鼠、许多鸟类以及人类都和狗一样有贮存食物的本能。我曾经和加拿大北部北极圈内（Northern Canadian Arctic Circle）因纽特的一家人一起生活，他们会把海象的尸体掩埋于地下数个月直到吃完为止，这个过程会让食物发酵和成熟。他们也给我挖了一大块让我试吃，虽然我感觉口感有些腥臭，但他们一家人都很喜欢这个味道，包括步态蹒跚的两岁小孩也很喜欢。

5.13 为什么狗喜欢玩耍?

这很显而易见，不是吗？狗爱玩主要是因为这很有趣！但从行为学角度讲，仅仅是有趣还并不足够。玩耍会花费时间和精力，并且进化过程中会把不利于动物在野外生存的行为（狩猎、进食或是繁殖等）去除。许多幼龄的哺乳动物都会玩耍（幼狼甚至会和人类一起玩接球游戏），但狗却尤其爱玩，甚至成年之后也是如此。似乎人工选育在狗爱玩这件事上起了很大的作用，我们在驯化狗的过程中会刻意去选择那些表现出幼犬行为的犬，因为在我们眼里这种狗更可爱。

很多证据都表明，玩耍会让它们学会社交技能，并能测试和稳固社会关系（这对于群居动物尤其重要）。玩耍也有助于它们生理和认知的发育，会增强它们情感上的适应性并帮助它们应对突发事件，而且会有助于它们理解自身和其他动物的关系。尽管进行了一个多世纪的研究，但动物玩耍的机制仍未被揭示，而且也没有任何科学证据表明玩耍在进化过程中的作用。为什么社交游戏会让一个物种更“成功”呢?

多次地玩耍对一只狗是友好还是好斗会造成影响：相互玩咬、相互追逐或把对方按住。为了让玩耍更有趣（也是为了鼓励它们继续玩），狗会发出很多不同的信号邀请对方一起玩耍，并模仿对方的行为。经典的邀请方式是“鞠躬”，这时候狗会把它们的前腿放在地上，并抬起后半身，同时也会摇尾巴和吠叫。这种行为也会在玩耍过程中出现，简单的暂停并鞠躬后又开始一段新的玩耍。其他邀请玩耍的信号包括，跟着对方跑、高声地吠叫、弯下头、抓握以及假装后退的动作。

我们能够确定的一点是，玩耍会产生幸福感，会产生一些让狗感到快乐的激素。虽然人们一直选育爱玩、开心的狗，并且倾向于认为这些爱玩的狗社交能力更强，也理应是好的品种。但是人工选育也有缺点，那就是人们想要在育种过程中产生的生理特点有一些会对狗造成伤害。

传奇的狗

总统的狗也顽皮

法兰德斯牧牛犬
一开始作为放牧犬，以能干著名。
1984年，一只叫Lucky的法兰德斯牧牛犬
被送给南希·里根并搬进了白宫。
但在一次记者会上，Lucky疯狂地拉拽，
弄得罗纳德·里根精疲力竭。
因此不到一年的时间Lucky就被贬黜到里根的加州农场。
里根很不喜欢它，认为它仍然还是一个牛仔。

5.14 为什么狗喜欢吃鞋？

狗的基因决定了它们是喜欢咀嚼的。这可能是因为狗的祖先喜欢咀嚼骨头，以便从骨头内的骨髓中获取更多的能量。因此，喜欢咀嚼的狗在食物缺乏的状况下存活下来的可能性也就越大，也会把这个基因传下去。虽然这种行为对宠物狗的生存已经无关紧要，但狗还是把这个习惯保留了下来。

咬东西的习惯是令人烦恼的，但这也正是你作为宠物主人要去面对的事。虽然我们能训练狗去适应一些行为，但我们不能让狗在保留狗本性的情况下（这些本性也是我们最珍视的，也是我们喜欢狗的重要因素）去改变一切来适应我们的生活。

许多年轻的狗咀嚼是为了减轻牙齿的疼痛，而在老年的时候又恢复咬东西的习惯主要有以下几个原因：（1）咀嚼可以排解烦躁和沮丧的情绪；（2）可以缓解分离的焦虑；（3）仅仅代表它饿了。但为什么偏偏是鞋子呢？关于狗为什么喜欢咬你的鞋子，目前有几个较好的解释（但并不是研究的结果）：

1. 最简单的原因是鞋子正好能塞进它们的嘴里，实际上鞋子的尺寸常常和一块完美的骨头的大小是一样的。

2. 你的鞋子有你的味道（更好或更差），因此你的狗会对你的鞋子很感兴趣。

3. 制作鞋子的材料非常适合咀嚼（比如皮革、橡胶和帆布等），这些材料柔软且富有弹性，而且咀嚼它们还需要一定的毅力，因此鞋子对狗来说是一种挑战。谢天谢地，狗并没有从咀嚼笔记本电脑中获得同样的快感。

环道跑最快的狗

布里牧羊犬Norman创造了一项环30米跑最快的吉尼斯世界纪录，用时55.41秒。它一直保持着这项纪录，至今未被超越。

5.15 狗真的能从很远的地方找到回家的路吗？

狗的导航能力是惊人的好，而且狗的导航能力在迪士尼经典悲剧《不可思议的旅程》（*The Incredible Journey*）中被神话，剧中讲的是两只狗和一只猫在旅途中和主人失散，然后它们跨越人海寻找主人的故事。但这也是个真实、有据可查的故事。1924年一只名叫Bobbie的狗从印第安纳州（Indiana）穿越4500千米回到了它在俄勒冈州（Oregon）的家乡，类似的故事还有很多，包括有一只狗走了92千米回到老宅，还有一只狗走了18千米回到寄养家庭，还有一只狗曾穿越29千米回家而且途中还横跨了一条很宽的河。

当然，如果我们冷静地看这种现象时我们可能会认为，这可能是一种随机的幸运事件，每年都有很多狗走失，而且这些走失的狗的数量要远超那些能够找到回家的路的狗的数量，毕竟报纸常常只是报道那些穿越很远距离而成功回家的狗，却很少去报道那些数以千计走失的狗。然而，确实有一些科学研究能佐证狗的导航能力强这一观点。

气味在狗的导航过程中有很大的作用，而且要知道狗对味道的感知能力是超乎我们想象的。狗能回溯自己的脚步数千米远，即使把它们带到另外一个地方，没有留下任何气味，它们也可能会利用熟悉的狗、田地、饭馆或农场的味道最终找到回家的路。

更有趣的是，2020年一项发表在*ELIFE*（一本专注于生物学领域的英文学术期刊）杂志上的一项特别研究对几只猎犬进行了为期3年的跟踪调查，结果发现，30%的猎犬是利用磁场导航从而回到它们主人身边的。狗一开始会沿着一个约20米长的从北到南的轴“像指南针一样奔跑”，从而找到地磁方位，最终在不借助气味的情况下成功返回家中。这种地理定位能力听起来可能有些牵强，但这种地理定位能力却与狗排便时由南到北的朝向密切相关。

传奇的狗

世界上最勇敢的狗

迪金勋章（Dickin Medal）是颁发给在战争中
表现杰出的动物们的勋章，
被称为动物界的维多利亚十字勋章。
迪金勋章于1943年设立，
以表彰在第二次世界大战中荣立战功的动物，
开始时有超过半数的勋章被授予给了鸽子，
但从2000年起大多数勋章都被授予了狗，
其中就包括超凡的库诺。
库诺是一只比利时玛利诺犬，
服役于英国军队，2020年它被授予迪金勋章，
以表彰其在战争中的英勇表现。
虽然它两条后腿被射伤，
但是它还是在夜视镜的引导下攻击了一名敌人并将其俘获。
它幸存了下来，
但当它回到英国后它的一只后爪被截肢并安装了假肢。

5.16 为什么狗会追着自己的尾巴跑?

一些狗就是喜欢追着自己的尾巴跑，这也给人类带来了很多乐趣。我们所表现出的乐趣可能正是狗追着自己尾巴跑的原因之一。这是一个正反馈增强的过程：如果前几次它追着自己尾巴跑的时候你表现出积极的、充满喜爱的关注，那么它很有可能还会这样做。这同时还是一种反向训练，狗会从你的关注中获得快感，也会让你给予你的狗更多的它们想要的关注。

但是为什么是尾巴呢？狗具备较高的视觉闪光融合率，这可以帮助它们猎捕快速移动的物体。因此，当它们看到快速移动的物体（见97页）时会很兴奋（不管它们看到的是自己的尾巴，还是房间里可怜的猫咪）。当它们转身看到自己的尾尖一闪而过时，就会开始着了迷一样地旋转。

如果狗经常追着尾巴跑，那么要注意狗可能生病了，比如犬的强迫性障碍（可能和维生素以及矿物质缺乏有关）。有强迫性追尾跑行为的狗通常会比其他狗更腼腆，这些狗通常是很小的时候就被从狗妈妈身边带走，而且还会表现出其他的强迫性行为。追着尾巴跑也可能是因为有蜱虫、跳蚤、受伤或仅仅是因为无聊。但如果你的狗得到了充分的照顾和锻炼，那么它可能只是偶尔会追着尾巴跑，并沉醉其中。

5.17 为什么狗在卧倒前要先转圈走?

包括人类在内的许多动物在睡觉前都会花费一定的时间整理床铺。狗也不例外，它们通常会转着走几圈并抓刨几下再躺下。这源于狗的祖先——狼，这些动作是为检查要躺卧的地方有没有害虫，比如昆虫或蛇，并去除积雪、树叶或尖锐的树枝等异物。它们可能也是通过铺平一片区域，以便告诉狼群中的其他成员这个地方已经有主了，并且会花费时间去选择一个温暖、舒适而又安全（避开猎食者）的地点睡觉。转圈走也帮助狼了解狼群其他狼的所在，尤其是那些需要保护的年轻狼的位置。

虽然你的狗有着一个豪华现代的毛皮衬里的床，这床可能花费了你一周的薪水，而且周围看不到一根草，但你的狗还是保留了一些狼性，也就是它们会表现出在艰苦野外生存的祖先们的一些行为（尽管这些行为已经毫无意义）。你的狗有许多类似的多余的怪异行为，这些行为没有在进化中被消除，这被称为“违背习性的自然选择”。

第 6 章
狗的感知能力

6.01 狗的嗅觉

狗的面部主要被一个巨大的鼻子占据着，而且这个鼻子还很有用处。狗的鼻子中有1.25亿～3亿个味觉受体，而人类只有500万个。狗大脑中负责处理嗅觉信息的区域要比人类的大40倍，因此狗对味道的敏感性是毋庸置疑的超能力。它们嗅觉感知的准确性是我们人类的1万～10万倍，它们每分钟能进行300次的短嗅，而且它们的鼻子能侦测到浓度低至十亿分之一的物质（相当于是一茶匙的物质放入两个奥林匹克运动会标准规格的泳池中）。它们的鼻孔甚至可以旋转，从而让它们能辨别味道是从哪里来的。

嗅不同于一般的呼吸过程，是小而短的呼吸，这种呼吸可以使气味分子在鼻腔中停留更长的时间以便检测。如果狗在搜寻气味的过程中正常地长呼吸，那么气味分子很容易就会被清出鼻腔。当狗吸气时，空气会通过一个迷宫样的向上卷起的鼻甲骨，鼻甲骨上敷有的气味受体面积为18～150平方厘米，而人的只有3～4平方厘米。在鼻道的底部还有一个犁鼻器，它就像一个副鼻，主要负责检测信息素（里面包含了关于社交和交配的信息）。为什么狗的鼻子是湿的呢？狗的鼻头（也称为鼻镜）一直是湿润的，这样鼻镜表面的温度感受器就能通过蒸发降温的方式感知风向（温度最低的一侧也就是风吹来的方向），这也有助于狗进行导航并确定味道和声音的方向。最近发表于《科学报告》（*Scientific Reports*）杂志上的一项研究表明，狗的鼻镜也能感知微弱的远红外热源。关于鼻镜上是否存在味觉受体仍存在争议，而且对于鼻镜的主要功能是不是通过改变外形将信息素传递给犁鼻器也是存在争议的。

分叉的鼻子

凯特布朗犬（Catalburun dogs）有着奇怪的分叉的鼻子，
在鼻头前方有两个完全分离的单鼻孔。
这种狗源自土耳其，现在已十分罕见。

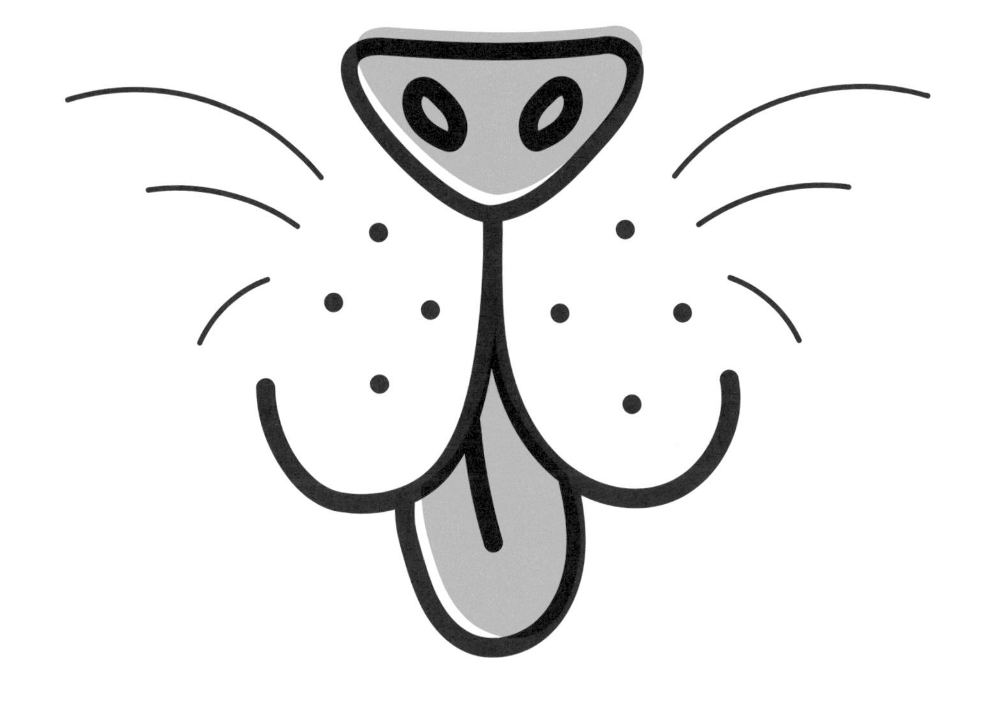

6.02 狗真的可以诊断疾病吗?

数千年以来人们一直在利用狗的非凡的嗅觉为我们做事，把它们用作追踪器、猎手以及有人侵者的报警器。但是对人和狗之间的关系最了不起的应用应该是把狗用作生物检测器，仅通过嗅觉就可以检测人类的疾病或体况。这听起来可能有些奇怪，但要知道，狗的嗅觉的敏感性是远超我们想象的。

从狗的角度来讲，每一个人都被一股特殊的气味包裹着，这些混合的气味也就造就了我们的个人标签。我们身上的很多气味都来自外部环境，但也会从我们的汗液、呼吸、黏膜、尿液、粪便以及寄生在我们身体中的细菌、真菌等微生物中散发出来。当发生疾病或某些情况导致的细胞内的化学反

狗的诊断

狗可以通过训练，
利用它们强大的嗅觉来检测人类的癌症、糖尿病，
甚至是癫痫病的发作。

应（表现为产生一些挥发性有机化合物VOCs，而且这些有机活性分子会产生气味）改变时，人类的气味就会发生改变。1971年，在人的尿液中首次发现癌细胞产生的挥发性有机化合物，而且这些物质也会进入我们的呼吸、汗液，从而产生一种标志性的气味，又称为生物标志物，狗可以通过特殊的训练从而准确地检测出这些标志物。

尽管有些疾病或状况对于狗来讲看起来要比其他疾病更容易检测，但训练狗识别生物标志物的能力仍是一个长久且昂贵的过程。狗能非常准确地识别出前列腺癌（以难以确诊而闻名的癌症），还能检测癫痫（甚至在发作以前也能检测到）、皮肤癌、肺癌、乳腺癌以及疟疾（通过闻儿童的袜子）。近年来，狗还参与了新冠肺炎的检测。

令人振奋的是，狗可以在表现出症状前检测出帕金森病（Parkinson's disease）。这是一项突破，因为人一旦出现症状时大脑中已经有一半以上的神经细胞坏死。能对帕金森病做出早期诊断可以说是具有颠覆性的。

一直以来名犬莱西的故事让我们认为狗本能上知道当我们遇到麻烦时会帮我们寻求帮助，不是吗？然而遗憾的是，加拿大安大略省西部大学（Ontario's Western University）的威廉·罗伯茨（William Roberts）进行的研究并没有证实这一点。研究中，狗的主人们带着狗走向试验场地的中央，然后假装发生了心脏病摔倒，与此同时有另外两个人在附近读书。尽管主人在地上躺了6分钟之久，但没有一只狗会为它们的主人求助。这意味着狗擅长去发现而不擅长行动，或者意味着莱西的故事并不是真的。难道我整个童年所相信的一直都是一个谎言吗？

6.03 狗的视力

狗的视力并不是很强，而且狗的世界也并不像我们人类一样以视觉为主，但这样就认为狗的眼睛比我们人类的眼睛弱那就大错特错了，它们的眼睛只是和我们的有些不同罢了。狗是色盲，它们的确能够看到一些颜色，但它们的眼睛却是二色视的，色彩范围是蓝色和黄色，而我们人类是三色视的，色彩范围是红、绿和蓝。这就意味着，狗会把红色和绿色看成灰色。虽然它们缺失了色彩的多样性，但却具有极好的暗光感知力、远视能力、更宽的视野以及敏锐的闪光融合洞察力。

狼（狗最近的亲戚）主要在黄昏捕猎，因此它们在暗光条件下的视力非常好，并且狗也继承了这一特点。它们的眼睛中视感细胞的数量比视锥细胞的数量多，这也就说明它们感知明暗的能力要比感知色彩的能力强。和人类不同，它们眼睛后部有独特的反光层，它可以将光线反射回视网膜，以增加视网膜的获光量，同时会增强视力。当你用闪光灯给狗拍摄照片时你就可以看到这个反光层，它闪光的眼睛就像一个魔鬼在窥视。如果你仔细观察会发现狗有3个眼睑：上下各一个，还有第三个眼睑叫作瞬膜。瞬膜通常会在狗睡觉时展开，以对眼睛产生额外的保护作用，当你叫醒一只嗜睡的狗时你可能也会看到瞬膜。

视敏度指的是远距离发现两条直线间的间隙的能力，在这方面人类可以轻轻松松胜过狗：人类能看到25米远的物体，而狗却只能看到6米远的物体。即便如此，更多的视杆细胞让狗可以敏锐地捕捉移动的物体（即使离得很远），这个能力要比我们人类强很多。这有利于它们猎捕小型动物，而且得益于位于口鼻两侧的眼睛的位置，也使狗有了比人类更广阔的视野。这种更广阔的视野的唯一缺点是狗的双眼视力相对不足（双眼视野交叉的区域），这一缺点也降低了它们对深度的感知能力。

闪光融合率指眼睛和大脑处理运动细节的能力，比如，高分辨率的电视每秒会播放50～60张影像，以使影片更加顺滑。过去的电影每秒会录制24～25帧画面，这会使运动的画面变得模糊，因为相机平移的速度和快门速度不够快。然而，狗每秒会处理70～80帧画面，也就说明它们能够看到更多的运动细节（可以把电视节目看成是一张张闪过的图片），而且还有快速的视觉反应能力。相比之下，家蝇的闪光融合率为每秒400帧，这也让我们知道了为什么打苍蝇很难了——在它们的眼中世界在以慢动作运行，所以逃离我们挥舞的苍蝇拍真是太容易了。

最长的耳朵

来自美国圣约瑟夫的警犬老虎（Tigger）
有着世界上最长的耳朵。
根据吉尼斯世界纪录的记载，
它的右耳长34.9厘米，
左耳长34.3厘米。

6.04 狗的味觉、触觉和听觉

味觉

狗的味觉在出生时就已经发育完全，但并没有比我们更复杂精密。我们舌头上有大约1万个味蕾，虽然狗的舌头很长，但狗的舌头上却只有1700个味蕾（猫只有470个）。狗对盐分尤其不敏感（也许是因为以肉类为主的食物本身就含有很多盐分），但是对糖和酸却极其敏感而且非常不喜欢苦味。奇怪的是，在它们舌尖上还有很多受体，这些受体对水的敏感度极高，尤其是在吃了咸味或甜味的食物后就会变得更敏感。一般认为，狗的这种能力有助于它们在野外吃了容易让它们脱水的食物后能快速找到水源。

触觉

触觉是除了味觉外唯一一个在出生时就发育完全的感觉。狗是社会性非常强的动物，因此，触觉在它们整个生命过程中都是非常重要的交流和互动的能力。它们也非常享受人类的抚摸。很多研究都表明，轻柔的抚摸可以降低狗的心率和血压，而且在抚摸狗的过程中人类也会有同样的感觉。狗身上最敏感的部位是口鼻部，尤其是胡须（也称为鼻毛）的基部，这个部位分布有机械刺激感受器可以感知抚摸。目前，人们还没有完全弄明白狗的胡须的功用，但是根据猫咪胡须的功用可以推断，狗的胡须的作用主要是帮助它们了解那些因离得太近而看不到的事物的位置。

听觉

虽然大多数狗的耳朵周围都有大量的毛发覆盖，但它们的听力要比我们人类的好很多，尤其是高频的声音：狗能听到频率高达4.4万Hz的声音，但我们人类却只能听到1.9万Hz以下的声音。我们在低频声音的表现要比狗强，我们能听到频率低至31Hz的声音，而狗最低只能听到频率为64Hz的声音。狗的耳朵也很灵活，它们耳朵的活动由18块肌肉控制，因此能快速确定声音的来源。耳朵的结构可以帮助狗听见遥远距离传来的声音（距离大约是人类的4倍）。

失聪的斑点狗

30%的斑点狗有一侧耳朵是失聪的，
5%的斑点狗双侧耳朵是失聪的。
这种现象和斑点基因有密切关系，
而且也和它们斑点的外观和偶然出现的蓝色眼睛有关系。
另外，斑点越大，狗发生耳聋的概率会越低。

第 7 章　狗的语言

7.01 为什么狗会吠叫？

狗吠叫的原因还没有完全被弄明白。狗会因各种不同原因发出不同形式的吠叫，包括孤独、恐惧和准备发起进攻。另外，狗被疏远、渴望玩耍或是希望和人类进行互动时也会吠叫。在玩耍中、进行抗议时、求救时，或仅仅是在追逐松鼠时，狗也会吠叫。我们甚至不知道狗的吠叫是一种交流方式，还是仅仅是对某些环境和经历的反应。为什么这个很重要呢？通常，被遗弃的狗进入收容所时会狂叫。如果我们能明白狗吠叫的原因，那么我们就能帮助狗生活得更好。

狼很少叫，因此吠叫可能是在驯化过程中形成的，可能人类会选育那些会叫的狗而不是哑巴狗，因为会叫的狗能在猎食者或入侵者接近时发出警报。或者可能是狗和我们之间的亲密关系需要一种方式去告诉狗的需求：想喝水、吃饭、玩耍或是撒尿。有一个很好的条件反射的例子：如果你在狗吠叫之后给它们喂食了，那么喂食和吠叫之间的联系就会在你和你的狗之间持续存在，所以你要当心。还有一个比较幼稚的观点认为，如果你在驯化过程中选择性地保留狗的一些特性（可爱、幼犬样下垂的耳朵和大大的眼睛），那么你也将获得一系列附属的特点（比如幼犬比较喜欢叫）。

尽管尚未达成科学共识，但我们仍然可以理解我们自己狗的吠叫。仔细去听，注意有狗吠叫时的语调、重复次数、音高等。同时，你还应关注它们的（以及我们自身的）姿势、周围的环境。另外，最重要的要注意它们的反应（是对着另外一只狗、陌生人、朋友叫，还是在对着你叫）。这可能会花费一些时间，但你尝试去理解狗的叫声时应该结合多方面的因素，以判断它们吠叫是因为警觉、饥饿、生气，还是因为有一只松鼠要去追。

7.02 当我们说话时狗能听到什么呢？

狗能记住很多不同的单词，并会把这些单词和对应的物体进行关联。它们还能听懂一系列的指令，比如“坐下”“待在原地”“躺下”。狗非常善于理解我们的精神状态，并且引导犬还能使用一些基本符号学技能（利用一些符号去传达信息）。但这些并不意味着狗能理解我们的语言（一个复杂的、结构化的包含逻辑意义、词义以及语法规则的交流体系）。虽然狗能够识别出发音带有“嘶”的单词比如“松鼠（squirrel）”和“坐下（sit）”，或者是发音有长元音的单词比如“脚后跟（heel）”和“走路（walk）”，但是当我们说得非常快或说完整的句子时狗理解起来就比较困难了。

一些人认为狗是对语气做出回应，而根本不是记住了某些单词。2017年，一名法国的生物声学家（研究发出声音的生物以及所发出的声音对生物体影响的科学家）发现，女人习惯用一种缓慢的、高亢的、音调有起伏的语气对狗讲话，当给幼犬播放这种类型的录音时它们的反应很强烈，会边跑边叫冲向扩音器。一些狗听到后甚至会做出“玩前鞠躬（play bow）”的动作，然后再开始玩耍。然而，大多数成年犬听到这个录音后可能只是看看这个扩音器，然后直接无视。研究人员对于为什么成年犬仍然爱玩还没有最终的定论，但是它们可能已经学会了当没有人类在场时收到玩耍的邀请并不是一件值得高兴的事。

狗善于通过我们的肢体语言和面部表情来辨别我们的情绪状态和意图，但当我们讲话带有语调时它们就能更好地识别我们的情绪和意图。2016年一项发表于《科学》（*Science*）杂志的有趣的研究利用MRI技术分析了狗（经过训练能接受MRI扫描的狗）对特定词组的反应。结果表明，狗的大脑处理语言的方式和我们人类是一样的：大脑右半球处理情感，大脑左半球处理意义。但最惊人的发现是，狗只会对那些同时带有夸赞的词句和语气的话产生幸福感（或者科学地讲，在它们大脑中主要是与奖赏相关的区域会发生神经性的活动）。当它们听到“好孩子”这个词，但是语气平平，它们能识别这个词但是不会感觉到被夸赞，因此它们的大脑就不会产生快乐的反应。只有当词句和语气都吻合时狗才会表现出高兴。这表明，狗的大脑会对单词和语调进行单独的处理，但是会综合单词和语调来理解话语的含义，而且只有当它们真正理解了这个词组的含义时才会产生发自内心的快乐。

当然，狗愿不愿意听你说又是另外一种情况：2014年一项发表于《行为过程》（*Behavioural Processes*）杂志的研究表明，狗更喜欢被抚摸而不是大声地赞美。

巨大的词汇量

大多数狗都能理解165个单词和词组，
但是心理学教授约翰·皮利（John Pilley）的美国边境牧羊犬Chaser
知道1000个玩具的名字，
并且能够把名字和玩具一一对应。

7.03 咆哮、哀嚎和尖叫分别是什么意思？

狗的音域很广，而且在叫的时候同时会摇尾巴（见63页），这些叫声是随环境的不同而不同的。这可能会使研究人员烦恼，因为一个叫声在一个环境中只有一种含义，但在另外一个环境中却是另外一种完全不同的含义，尽管这样主人和狗也在一直训练彼此以便能够相互理解。

狗通常会在相互打招呼的时候发出简单的咕哝声以表示满意（幼犬经常在睡觉或进食时发出咕哝声）。咆哮可以代表进攻或防御，但在玩耍中是最常见的。2008年一项匈牙利的研究发现，狗狗能明白扩音器里播放的特定的咆哮声的含义。当一条在啃骨头的狗听到一群狗在争夺各自的骨头而相互咆哮的录音时，狗会远离它正在啃的骨头。这表明狗可能真的能彼此间交谈（尽管可能只是关于骨头的事）。

不会叫的狗

巴辛吉犬（Basenjis）不会吠叫，它们只会尖叫。

孤独、饥饿、恐惧或疼痛时幼犬和成年犬经常悲啼和哀嚎，但成年犬也会通过悲啼表示服从、问候或想被关注。每次我母亲带着她黑色的拉布拉多Daisy来看望我时，Daisy都会绕着我爬并疯狂地摇尾巴，同时会对着我呜咽数分钟。我自以为这代表它对我的爱胜过地球上任何一个人，但也可能只是因为它能从车里出来而非常高兴的表现。

巴辛吉犬、新几内亚歌唱犬和澳洲野犬经常尖叫，能发出这种声音主要是因为它们有比其他大多数狗更窄的声带，让它们能更好地控制高音。也可能是人类想选育那些能像豺狼或土狼一样叫的狗，以便能驱离潜在的捕食者。

嚎叫一般见于狼，但除了那些如哈士奇和雪橇犬等像狼一样品种的狗之外，狗很少嚎叫。狼嚎叫有以下几个原因：了解本群狼的所在位置，宣示领地（通常都很大）和驱离其他狼群。它们也会通过嚎叫召集群狼去捕猎或旅行。狗通常不会有这些行为，它们可能会因为听到救护车的鸣笛、飞机或贾斯汀·比伯的音乐而开始嚎叫。但其中原因还不清楚。狗嚎叫可能就是简单地想得到关注（如果你想让它们停止嚎叫，那么你应该关注它们，哪怕是斥责也行）。

7.04 狗之间会相互交谈吗?

除了吠叫，狗还有许多其他的交流手段，包括身体姿势、面部表情、耳朵的位置、被毛直立、眼神交流或是在灯柱上撒尿等，并且狗理解这些动作的能力比人类要强。

嗅觉的（气味）交流是狗了解（留下）关于性别、健康状况、年龄、社会地位及情绪状态的一种方式。无论走到哪，你的狗都会用它的尿液、粪便、肛门腺的分泌物和体味留下它的生理信息，以便表明它来过这里并正在寻找配偶。它会通过散播信息素和一些化学物质进行社交，并使其他狗的行为发生改变。

但当两个十分熟悉的狗见面了会怎么样呢？它们会用复杂的体态、眼神接触和面部表情进行交流。它们首先会确定谁是主导者，并且这是从眼神接触开始的。强势的狗会首先进行眼神接触并且会持续很长时间，而顺从或是更年轻的狗会避开它的目光或直接离开。尽管这对于我们人类来说有点儿不文明，但对狗来讲却很重要：当确立了主导地位后狗之间就可以进行进一步交往，而且会最大限度地降低攻击性。相反，如果没有狗愿意服从，那么状况将迅速恶化，它们会表现出龇牙、咆哮和立毛（皮毛竖立），如果以上都不起作用，那么就会发生肢体冲突。

然后，体态开始发挥作用，而且这也和统治力和服从性相关。强势的狗会高耸直立，耳朵朝向前上方，尾巴翘得很高，并且脸上可能会有因愤怒产生的褶皱。顺从的狗则会蹲伏、尾巴下垂、耳朵向后，并且有时候会露出“服从的微笑”。顺从的狗还可能去舔强势的狗，并仰躺着以表明它并没有威胁性。

“玩前的鞠躬”通常见于比较熟悉的狗之间，并且这也是一个明确的一起玩耍的邀请。有趣的是人类通常会做出一个笨拙版的这个动作，以邀请狗和自己一起玩。我确实会这么做，会弯下腰然后拍着我的大腿，同时嘴里说着一些废话。

摇尾巴在狗的交流过程中有十分重要的作用，但我们却不明白它的意义。它通常表示友好或是兴奋激动，但也可能表明准备发起进攻了。和叫声一样，摇尾巴似乎也和具体的环境有关系，不同的环境条件下，不同的狗摇尾巴代表完全不同的含义。虽然研究人员正费尽心思地尝试理解一个通用语言，但狗之间的交流似乎是完全没有障碍的。

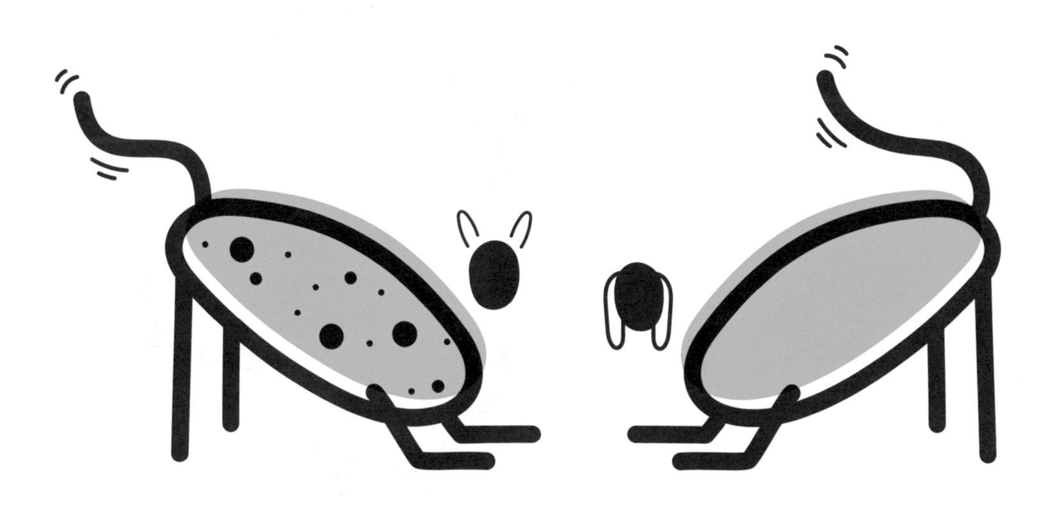

第 8 章
狗和人类的异同点

8.01 养猫的人和养狗的人

我下面要说的话无意去惹恼世界上的很大一部分人。我知道人的性格是各种各样的，因此我并不是指养狗的人一定是好斗的、专横的、狂妄自大的（我只是说你们可能是）。等等，这种想法也是不正确的。我是一个爱狗者、爱猫者、爱沙鼠者，同时也爱人类，因此我并没有偏见，下面的观点仅仅是2010年美国得克萨斯大学进行的一项关于自我认定为爱狗者或爱猫者的研究。结果表明，与爱狗的人相比，爱猫的人不愿意合作、更懒、同情心较弱而且更宅，而且更容易焦虑和抑郁。但是爱猫的人比爱狗的人神经更敏感，同时也更开放、更文艺，而且求知欲更强。2015年澳大利亚科学家发现，爱狗的人比爱猫的人更有竞争力，而且社交中比较强势，这一结果也符合预期（因为狗顺从性更强，而且狗也倾向于认为它的主人往往更强势）。但他们还发现，爱猫的人和爱狗的人都是一样的自恋，而且在人际交往中也都一样的强势。

2016年“脸书”（Facebook）对自己平台的数据（虽然该公司在获取个人数据方面的能力十分惊人，但是请记住这个研究只是针对Facebook用户）进行研究并发表了研究结果，发现：

- 爱猫的人单身比率（30%）要高于爱狗的人的单身比率（24%）。
- 爱狗的人会有更多的朋友（有更多的Facebook联系人）。
- 爱猫的人被邀参加活动的可能性更大。

Facebook的研究还发现，爱猫的人更喜欢文学方面的书，比如《德拉库拉》（*Dracula*）、《守望者》（*Watchmen*）和《爱丽丝梦游仙境》（*Alice in Wonderland*），而爱狗的人则更喜欢关于狗和宗教的书，比如关于狗的书《玛丽和我》（*Marley and Me*）、《洛基的教训》（*Marley and Me*），比如关于宗教的书《标杆人生》（*The Purpose Driven Life*）、《小屋》（*The Shack*）。喜欢狗的人也喜欢关于爱情的电影，比如《恋恋笔记本》（*The Notebook*）、《分手信》（*Dear John*）等。然而爱猫的人却更喜欢科幻电影，比如《终结者2》（*Terminator 2*）。

但是Facebook关于情感方面的数据却十分有趣（而且是可怕的）。人的情绪和他所养的动物非常相像，和养狗的人相比，养猫的人发布的帖子更多是表达疲惫、娱乐和烦恼，而养狗的人发布的帖子更多是表达兴奋、骄傲和“福音”。

缺失的器官

狗没有阑尾，猫也没有。

8.02 养一只狗的花费是多少？

养一只狗的花费是巨大的，而且研究表明新晋的铲屎官往往会低估养一只狗的花费。在英国，养一只狗每年的花费为445～1620英镑（相当于4000～14000元人民币），在美国的年均花费是650～2115美元（相当于4500～15000元人民币）。也就是说，算上你一开始购买狗的花费，一只年龄为13岁的狗一生要花费5785～21060英镑（5万～18万元人民币）或是8450～27495美元*（6万～20万元人民币）。据英国知名的动物收容所巴特西猫狗之家估算，在英国养一只每年估计需花费大约1000英镑（8000多元人民币）。

当然，养一只狗的实际花销还要取决于您最终想为它花多少钱。通常仅是购买一只纯种的幼犬就需要花费3000～4000英镑（2.5万～3.5万元人民币），同时还要支付高昂的宠物保险费用和美容费用，而从动物收容所巴特西猫狗之家收养一只动物只需要花费155～185英镑（1300～1600元人民币）。但后续的花费也是实实在在的开支。食物可能是最大的开销，根据狗的需求（特殊的营养需求可能意味着更高的花费）和狗粮品牌的不同，英国的养狗人士每年在狗粮上的花费为190～950英镑（1600～8000元人民币）不等。另一项较大的开销是宠物的住宿，就是当您去工作或旅行时您可能会把狗托付给宠物保姆照管。尽管你的邻居会出于纯粹的爱而帮你照顾你的宠

* 养狗人士估计开始养狗时的花费为730～1595英镑（6000～14000元人民币），美国是650～2115美元（4000～15000元人民币）。

物，但在英国，每年在专业的宠物保姆、专业遛狗师和假期犬舍上的花费还是轻轻松松就能达到1000英镑（1400美元）。

其他的宠物日常花销包括定期的免疫、体检以及宠物用品（比如狗碗、项圈、玩具和用于把它们带到医院的笼子等），还有就是安装芯片、绝育、买床或狗窝等的费用。同时你还必须给你的宠物买保险。我曾犯严重的错误，就是让我心爱的上了年纪的猫Tom的保险失效了，导致去年因它健康问题的花费就高达3000英镑（2.6万元人民币）。在英国，根据狗自身和你所在居住地的政策的不同（大城市会更贵），狗的保险轻轻松松就会让你每年产生400～900英镑不等的花费（3500～8000元人民币），但老年犬的保险费用会显著增加，而且有些公司甚至直接拒绝给老年犬投保。

世界上最贵的狗

2014年，一只巨型的藏獒
被一位中国商人以190万美元（136万英镑）购得，
成为世界上最贵的狗。
罕见的金色的纯种藏獒被认为是最完美的标准的藏獒外观。
卖家也就是獒园主人张耕耘说：
“它们有狮子的血统，而且是顶级的藏獒。”

8.03 你可以把你的财富留给你的狗吗？

不能！是的不能，因为在法律上狗属于财产，你不能将一部分财产赠予另外一部分财产。但还是能有一些解决方法，你可以把你的狗和财产留给你最信任的人，并让他用你留下的财产去照顾你的狗。但他并没有法律上的义务去这样做，所以那个人必须是你能完全信赖的人。你不能仅仅是把狗的名字写进遗嘱里然后让其他人来替你解决。你在遗嘱里怎么写都行，但是并不意味着所有的内容都会有法律效力。

如果你决定要继续照顾你的狗，并且经济上允许，你可以为它建立一个宠物信托（是一种更稳固但也更昂贵的法律协议）。你可以把你的狗、你的财产还有更重要的法律上的责任交给一个“管家”，让他用你留下的钱按照你的详细嘱托去照顾你的狗。你还需要指定一个人去监督协议的执行情况，如果信托机构未能按你的意愿执行，这个人也可以代你对信托机构发起诉讼。这个要求是很高的，因此你应该能预见你将给信托机构和第三方监督执行人支付大额的报酬以让他们能各司其职。或许更好的办法是把你的狗和财产交给动物避难所或救助组织。

2007年曾因逃掉170万美元税款而被美国人戏称为“吝啬女王”的利昂娜·赫尔姆斯利（地产大亨哈里·赫尔姆斯利的妻子）在去世前试图把她的1200万美元的资产留给他的狗“麻烦”（Trouble）。但是Trouble并不是唯一的受益者，因为赫尔姆斯利还留下遗愿用她余下的全部信托（价值20亿~80亿美元）去帮助其他狗。唯一的问题是她的托管人对于如何运用这笔钱有最终的决定权，而且赫尔姆斯利的要求并没有写进遗嘱或信托协议中。非常戏剧性的是，信托基金发现自己在法律上并没有义务遵循她的意愿，因此2008年法官判定赫尔姆斯利在设立遗嘱时精神状态不正常。因此她留给Trouble的大多数钱都转到了她的孙女名下（她也是赫尔姆斯利特别指出要剥夺继承权的人），并且她主要的信托项目的执行也和狗没有半点儿关系。这个例子告诉我们两点：一是不要吝啬；二是一定要妥善处理你那该死的遗嘱。

8.04 狗主人真的像他的狗吗？

多项研究发现，宠物和主人往往长得很像。有研究发现，只要是纯种的狗，即使不认识狗的主人，要把主人和他的狗进行匹配也十分容易（杂种犬匹配起来则比较困难）。

宠物与主人相似的特征包括：眼睛在某种程度上是相似的，长发的女人倾向于选择那些有长长的松软的耳朵的狗，而且体型更大的人倾向于选择更胖的狗。研究表明，狗肥胖率的增长和人类肥胖率的增长是一致的。

这和人类更愿意去与那些和自己相似的人（狗和它们的主人也是一样的）相处一样，这也就使得人们很善于判断谁是谁的伴侣。这一点真有点儿让人沮丧，原来我们这么容易被看透。

长相奇特的犬

中国冠毛犬的样子看起来非常怪异，
是世界上仅有的几个无毛犬品种之一。
它只有头部和尾部有毛发，
其他部位的皮肤颜色很深且没有毛发，
这种长相确实有些奇特。
中国冠毛犬很爱清洁，不掉毛，性格温顺，喜欢和人亲近。

8.05 养狗对健康有益吗？

每个人都说养一只狗对于我们的身体和心理健康都有助益，这是事实吗？表面上看似乎确实是这样。2017年瑞典的一项大型研究对340万个年龄在40～80岁之间的人进行跟踪调查，结果发现，12年间心脏疾病死亡比率的下降（23%）和整体死亡比率的下降（20%）和养狗有关。2019年，美国心脏病协会（American Heart Association）发现，和不养狗的人相比，养狗与独居的患过心脏病的人的死亡风险降低（33%）有相关性，也和独居的

绦虫的中间宿主

因某种特殊的原因，肯尼亚西北部的图尔卡纳（Turkana）人的
棘球蚴病（由犬绦虫引起）的发病率是
世界上最高的。
他们的生活和狗的生活非常紧密，
狗会和人的孩子一起玩耍并且
会吃掉人的粪便和呕吐物。
狗还会把主人的盘子和厨具舔干净，并会在房间里排便。
尽管棘球蚴病的危害十分严重，甚至可能危及生命，
但当地人也不愿意改变他们和狗之间的关系。

患过中风的人的死亡风险降低（27%）有相关性。与不养狗的人相比，养狗与整体死亡风险的降低（24%）有相关性，养狗也与因心脏病和中风死亡风险的降低（31%）有相关性。

上述研究似乎证明狗是有益于你的健康的。真是这样吗？答案是：不一定。上述研究提到的都是养狗与其有相关性。2017年RAND公司（美国的一个非营利性研究发展组织）进行了一项研究，他们发现养宠物确实和健康的改善有关，但那些对健康的助益可能和其他混杂的变量（会影响结果的因素）也有关系，而且很多因素都与社会经济状况紧密相关。更好的健康状况似乎更多见于那些拥有更大的房子和更多家庭收入的宠主，因为这通常也意味着它们会有更好的医疗保障。还有一点是，更健康的人才会选择养宠物，而那些有严重健康问题的人很少会考虑养一只宠物，因为还要每天遛两次。因此，甚至在研究开始之前统计数据就出现了偏差。“并不是因为我养了狗我才健康，而是因为我健康我才会去养狗”。

2019年发表于《环境研究》（*Environmental Research*）杂志的一项研究表明，女人养宠物后死于肺癌的风险会提高两倍（尽管这件事中猫起的作用要比狗更多）。并且根据世界健康组织（World Health Organization）的统计，每年有5.9万人会因狗咬伤而患上狂犬病死亡，而且每年会有数百万人被狗咬伤。

那么，养狗对心理健康的助益又如何呢？同样似乎也没有什么科学研究支持这一观点。有一些人设计了糟糕的实验并试图去说明养宠物和心理健康的相关性，但这些研究大多是自述式研究，而且样本量也非常少，其中一项研究是在网络平台Amazon Mechanical Turk（这个平台是个众包网站）上进行的，而不是由学术研究人员进行的。2020年一项听起来更可信的研究发表在《国际环境研究与公共卫生杂志》（*International Journal of Environmental Research and Public Health*），他们发现养狗对健康并没有助益。另一项2014年发表在《兽医行为学杂志》（*Journal of Veterinary Behavior*）的研究表明，和那些不养狗的人相比，宠物主人认为自己更健康而不是更快乐。然而，2019年发表于《人与动物杂志》（*Anthrozoös*）的研究表明，总体上狗狗主人发生长期性精神疾病的可能性会更小，但单身的宠物主人发生长期性精神疾病的可能性会增加。从正面的角度讲，一些研究推断，和不养狗的人相比，狗的主人去公园更为频繁（停留的时间也更长），而且在我们和狗互动过程中产生的催产素也确实对我们的心理健康有益。2012年日本的一项研究发现，养狗的老年人要比不养狗的老年人得到更多锻炼。另一个2015年发表的瑞典的一项研究发现，3～6岁大的儿童和刚出生的小狗接触可以使他们在到达上学年龄时哮喘的发病率降低13%。2016年英国的一项研究表明，儿童对着狗大声朗读有助于提高儿童的阅读能力。这并未说明“狗对我们的健康有益”，但我还是会接受这一观点（养狗对健康有益）。

西班牙猎犬愤怒综合征

虽然这是一个罕见的疾病，但一些狗容易发生特发性的攻击性行为：没有征兆地突然攻击和撕咬。一般认为这是一种遗传特性，主要见于可卡犬和西班牙猎犬。

8.06 当你外出时，你的狗在干什么？

大多数狗被独自留在家里时都会产生一些焦虑情绪，这也不足为奇。因为我们最初选育狗是为了让它们黏着我们、爱我们并依赖我们以获得它们所需的东西：食物、饮水、关爱、陪伴和玩耍。然而，我们又整天不在家。

狗从你要离家之前就开始焦虑了。狗非常擅长识别主人的肢体语言并听出主人要离开时的语调（尽管我们自己认为没有任何不同），并看出你要出门前的一些动作，比如取出外套或检查钥匙、手机、钱包和背包等。然后狗的压力水平会在你离开后不久就达到峰值。通常最开始的30分钟的表现是最严重的，心率升高、呼吸加速、皮质激素水平升高。如果你的狗有这种表现，那么它可能会吠叫、悲泣或毁坏物品。如果压力和烦躁非常严重，那么狗可能会表现唾液分泌增加、排尿增加、来回踱步甚至自我损伤。

你可以训练狗如何独处，但最好是从小就开始进行训练。从短时间的分离开始进行训练，以便让狗知道让它独处并不是意味着你遗弃了它，我们还会回来的。随着你逐渐增加离开的时间，你的狗就会适应这种经历。有一个小技巧，就是你离开前不要对它大惊小怪，因为这样做只会增加它的焦虑。另外一个小技巧，就是准备一盒分散它注意力的食物，在你离开家的时候把这些零食拿出来，然后你回来后就把它们收起来。尽量不要通过处罚来减少焦虑，如果需要进行惩罚，那么需要把它加到日常训练中，狗并不会自己把惩罚和它的行为建立联系，而且惩罚还会让狗产生双重焦虑，进而会加重你离家时它的焦虑。

你可能认为你的狗很皮实，能够处理独处带来的这些反应，但事实并非如此。在Youtube上有这样一段视频，当主人不在身边时，一只罗特韦尔犬（Rottweiler）是多么的痛苦难耐（在视频里你会看到它是怎么喝掉厕所里的水的）。这确实是一段令人心碎的视频。

拉布拉多贵宾犬

拉布拉多贵宾犬是拉布拉多巡回犬和标准贵宾犬的杂交犬，
在澳大利亚非常流行，并逐渐成为一个独立的犬种。
为了给一个视力受损的女子培育特殊的导盲犬
（因为她的丈夫对狗过敏），
1989年沃利·康隆（Wally Conron）用维多利亚引导犬进行杂交。
1949年打破英国竞速赛纪录的唐纳德·坎贝尔
（Donald Campbell）曾繁育了一只，并命名为拉布拉多。

8.07 你的狗对气候的影响

养一只狗有很多好处，但也给环境带来巨大的负担。狗的粪便通常会被送往垃圾场填埋，狗的存在会改变野生动物的习性，狗会通过恐吓或袭击的方式把其他动物赶走，从而影响所在地的生物多样性。但目前为止最严重的影响是吃的食物，这些食物需要消耗能量进行生产、收获、打包及运输，从而会影响我们养活我们自己。

2017年由UCLA（加利福尼亚大学洛杉矶分校）进行的一项研究表明，美国犬和猫摄取的能量大约是人类摄取能量的19%，因此会对我们赖以生存的地球生态环境造成额外的19%的负担。它们还会消耗大约30%的动物源性的能量，产生的粪便约占所有动物粪便的30%，而且用来生产这些东西所需的土地、水、化石燃料、磷和杀虫剂占动物养殖过程中对环境影响的25%～30%。宠物食品是用人类食用的肉类加工过程的副产物制成的，也有人认为如果狗能吃那些副产物，那么人类也同样可以。不得不承认，大多数人并不喜欢吃动物内脏，也确实有人喜欢吃，它们确实也很好吃（我尤其喜欢吃肺脏）。

这项研究承认人是爱他们的宠物的，狗会给人类带来许多生理上的和心理上的益处。然而我们应该认识到我们的宠物对于生态环境来说是一种负担，因此，我们在试图减少我们自身对生态的不良影响时，也应该把我们宠物对生态的影响考虑在内。这引发了一个关于道德和生态相对性关系的问题，我们需要去衡量无法计量的情绪上的影响（我非常爱我的狗）以及可计量的生态的影响（我的狗会产生额外的19%的能量消耗）之间的关系，而且这会使我们进入一个两难的境地。毕竟，减少CO_2当量排放最有效的方法是减少这些毛茸茸的宠物的数量，每减少一个宠物每年就可以减少64.6吨CO_2当量排放（换成素食也只能减少每年0.9吨的CO_2当量排放）。当然，我们喜欢我们的宠物，而且去衡量我们的爱能否抵消宠物带来的负面影响是很难办到的，也是非常可怕的事。一定可以达成一个平衡但需要进行讨论，难道只有减少家庭饲养宠物的数量这一种方法吗?

传奇的狗

奇瓦瓦州（Chihuahua）是墨西哥西北部一片大型的多山区域，
是墨西哥境内最大的州，比整个英国还大。
可在谷歌上搜索“Chihuahua”时，
出现在前面的搜索结果都是世界上体型最小的犬吉娃娃。
长毛犬和短毛犬被认为是不同品种的犬，
吉娃娃就是短毛犬，是世界上最小型的犬种之一。
关于这个品种的起源一直说法不一，
但可以肯定它绝非源自一个品种，
是由多个品种交配而来的。

第 9 章
狗和猫的异同点

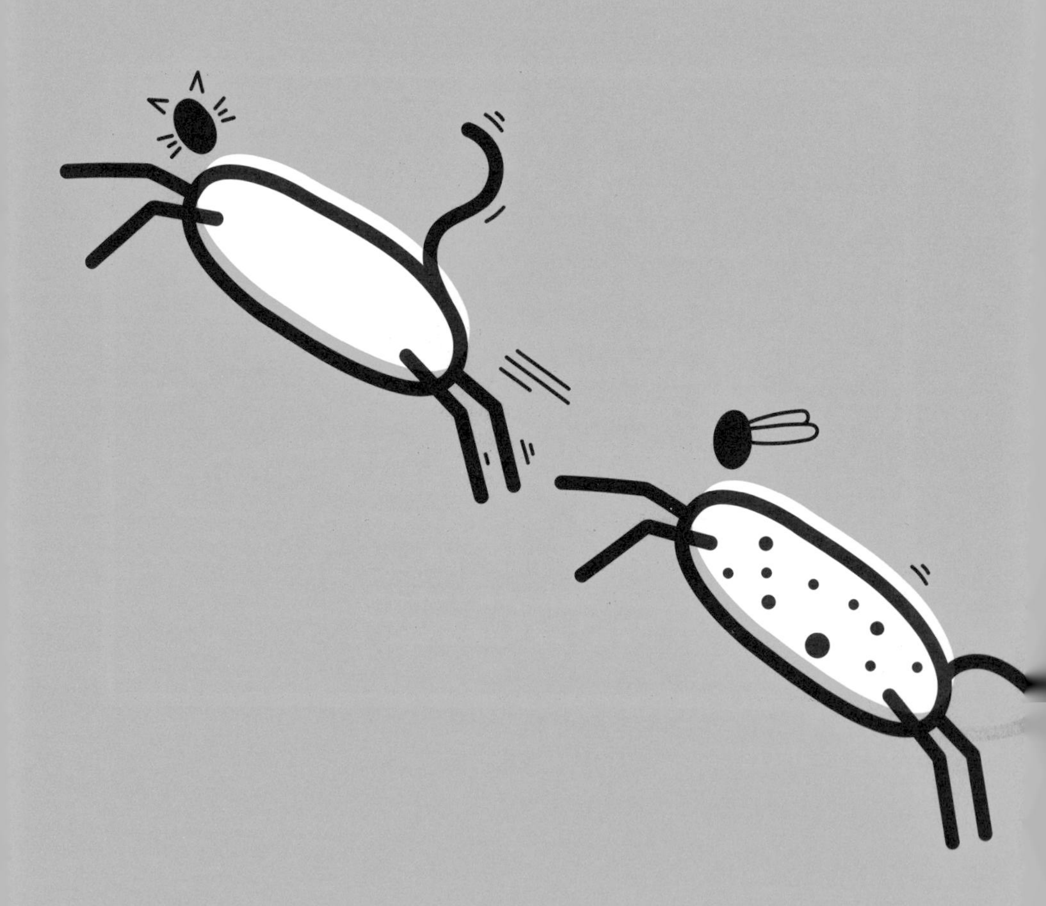

9.01 其中一个一定比另一个更好吗?

在我们一头钻进狗和猫谁更好这个巨大的论题前，让我们先停下来谈谈概念生物学。

我们有对生的拇指，有抽象思维的能力以及极好的音乐品位，因此我们倾向于认为人类是地球上比其他物种都高等的生物。猿猴和海豚可能和我们很相近，但蚯蚓和浮游生物又如何呢？看看我们的“成就”：我们对地球的影响非常巨大，以至于全新纪年（Holocene era）（人类文明在上一次冰河世纪到现在的1.2万年间得到发展）现在已经结束，随之而来的是人类世纪年（Anthropocene），是一个以人类对地球巨大的影响而定义的纪年。在叉勺、自拍杆和贾斯汀·比伯出现之后，可以这样说，没有任何一个物种比我们更完美。是的！人类加油！除非人类世（指地球的最近代历史）是以灾难性的标识事件而定义的，从开始的19世纪60年代的核辐射污染到CO_2排放量急速增加、大片森林被毁、生物退化、战争、不平等和全球物种灭绝。

另一方面，蚯蚓的祖先从5次生物大灭绝中存活了下来，并且已经存活了60亿年，相比之下，人类出现才仅仅20万年。达尔文认为蚯蚓在世界历史上发挥了重大的作用，翻耕并滋养土壤以让它适合我们耕种。那么浮游生物呢？单从数量上看，人类数量是78亿，相对于SAR11这种浮游生物的数量来说真是微不足道，浮游生物的数量是24,000,000,000,000,000,000,000,000,000个（2.4×10^{19}个）。

因此，狗和猫谁更好这个问题基本上可以认为是个愚蠢的问题，就像在问：“一棵树和一条鲸鱼谁更好呢？”一棵树就擅长做一棵树，而一条鲸鱼则擅长做一条鲸鱼。一条蚯蚓并不比人类更好或是更差，它擅长做一条陆生的、雌雄同体的无脊椎动物，它生活在地下并通过皮肤进行呼吸。即使那样，物种永远都不会达到进化上的最佳状态，而通常会针对它们自身的情况产生适应性的变化。狗和猫驯化的过程十分有趣，从进化角度讲，它们都是野生的狩猎者，唯一的亲戚也是最近才被我们驯化，因此它们可能只是处在开始的适应阶段。再过50万年来看，它们可能已经是一个完全不同的物种了。再看一下人类世的发展方式，它们所钟爱的人类可能在50万年内已不复存在了。

狗狗所致的损伤

在美国，每100万人中就有63.4人因狗而受伤。

最常见的就是牵绳时被绊倒，或其他各种各样的原因。

1/3的损伤都发生在家里，

如果你好好地想一想，可能会觉得这很奇怪。

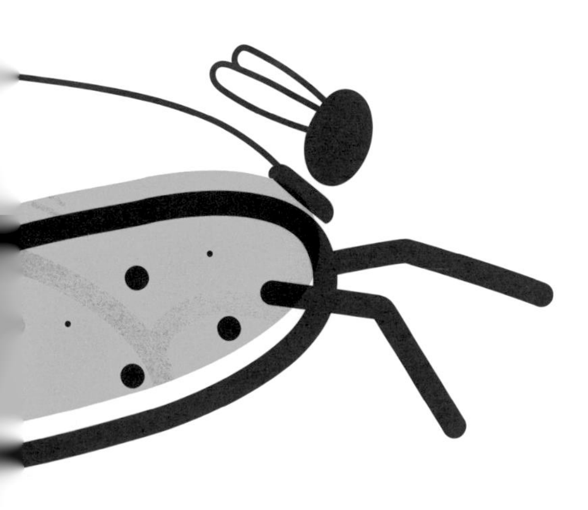

9.02 猫和狗的社交和医疗

前面的内容用了很大的篇幅解释为什么拿猫和狗比是违背概念生物学原理的。但这其中的乐趣在哪呢？下面就让我们对猫和狗进行一一比较。

受欢迎度

在英国，狗比猫更受欢迎*（虽然统计数据差异很大）。

23%的家庭至少养着一只狗。

16%的家庭至少养着一只猫。

获胜者：狗

爱

猫和狗的主人都对他们的宠物十分钟爱，但是哪种动物更爱我们人类呢？神经学家保罗·扎克（Paul Zak）博士分析了猫和狗的唾液样本，以检测在和人类互动后谁分泌的催产素（与爱和爱慕有关的激素）更多。猫的平均催产素水平增加了12%，而狗的平均催产素水平增加了57.2%。狗增加的水平是猫的6倍。

获胜者：狗

* 宠物食品生产商协会2020年宠物数量报告。

智力

狗的大脑的平均重量是62克，比猫的大脑更重，但是这并不会让狗更聪明。巨头鲸的大脑是人类大脑体积的6倍，但仍然没有人类聪明，这是因为在所有哺乳动物中，相对于大脑的体积来说，我们人类有着最大的大脑皮层（负责高级指令功能的区域，比如信息处理、感知、感觉、交流、思考、语言和记忆等）。另外一个衡量智力的指标是大脑皮层中神经元的数量。神经元细胞非常有趣，因为它们的代谢水平非常高（它们需要消耗很多能量以维持运转），因此拥有神经元的数量越多，需要摄入的食物也就越多，同时也就需要更多的代谢机制以把食物转换成可用的能量。正因如此，所有物种所拥有的神经元的数量都是它们所必需的数量。一篇发表于《神经解剖学前言》（*Frontiers in Neuroanatomy*）杂志的文章指出，狗大脑皮层中有5.28亿颗神经元，而猫的大脑皮层中神经元的数量是2.5亿颗。但人类有160亿颗神经元，远超猫和狗。建立神经元检测方法的科学家曾说：“我相信一个动物

聪明的引导犬

引导犬知道它们什么时候上班，什么时候下班。
它们还可以根据指令进行排尿和排便，
以确保它们尽可能地去适应主人的生活习惯。

含有的绝对神经元的数量（尤其是大脑皮层中），决定着它们内在精神活动的丰富程度……因此与猫相比，狗在生物学上有能力在生活中处理一些更复杂多变的事务。”

大脑功能确实是因动物而异，就是取决于哪些功能对于某种动物是最重要的。比如，狗是群居动物，因此需要更强的社交能力，而控制这一功能的区域位于大脑的额叶和颞叶。相反，猫是独居的猎手，因此可能需要更好的机动性，控制这一功能的区域主要集中在运动皮层的额叶，控制着猫的逃生

传奇的狗

任丁丁（Rin Tin Tin）

这是一只德国牧羊犬，
1918年9月，
它被美国陆军炮手李·邓肯从法国战场上救出后
成为好莱坞超级巨星。
它的名字来自法国儿童送给美国士兵的两种好运护身符之一。
通过许多坚持不懈的努力，
邓肯让Rin Tin Tin出演了一部电影，
后来又连续出演了27部电影，
大多数都是无声电影。
它在1923年出演的第一部电影中的角色非常受欢迎，
它也通过这部影片解救了濒临破产的华纳兄弟电影公司，
并一度被认为应被授予1929年奥斯卡最佳演员奖。

能力。当然，神经元的数量是一方面，但是动物利用这些神经元的方式可能是判定智力的更好的方法。日本科学家测试了狗和猫的记忆能力，并发现它们之间没有显著差异。但在解决问题方面，狗倾向于依赖它们的主人来解决问题，而猫更倾向于自己解决问题。

获胜者：狗

方便性

购买、喂养并照顾一只猫相对更便宜。它们很独立，不用去遛，而且和狗相比可以独处更长的时间。它们很愿意在室外排便和排尿，而且不是在自家的花园中排泄（方便了你而麻烦了你的邻居）。那么狗呢？养狗相对比较麻烦。

获胜者：猫

社交能力

猫是独居且有领地意识的动物，但是通过和人类接触，猫会获得生理上的助益。尽管狗更喜欢和人类共处，但也会和其他狗进行交流。它们会对人类的许多指令和要求做出反应，并且喜欢和人类进行身体上的接触，并会和猫一样获得生理上的助益。

获胜者：狗

生态的友好性

猫每年会猎杀数以百万的鸟类（但确切的数量和对生态的影响还存在

争议），并且猫和狗都会使生物多样性降低。但狗有更大的生态足迹：喂养一只中型犬每年需要0.84公顷的土地，而喂养一只猫每年需要0.15公顷的土地。

获胜者：猫

对人类健康的助益

宠物主人和他们的猫或狗互动时都会获得源自激素的正向性助益（降低压力水平），并且与未养宠物的人相比免疫球蛋白的水平也更高，从而提高了胃肠道、呼吸道和尿道抵抗感染的能力。然而，许多关于养宠物有益于健康的论断都被最近发表的研究质疑。养狗的人要比养猫的人和不养宠物的人进行更多的锻炼，这可能会降低发生心血管疾病的风险，并会提高心脏病的存活率。但每年有25万人因狗咬而产生轻伤或需要急诊，甚至有2～3人因狗的袭击而身亡，狗或猫所带来的益处也受到了挑战。根据世界健康组织统计，全球每年约有5.9万人因狂犬病死亡。

获胜者：猫

可训练性

狗：普通的狗能接受训练并记住165个单词和动作（接球、坐下、握手、跳跃、抬起后退、躺在床上、翻滚、等待，还有紧急时命令它不要再蹭人的腿了）。

猫：哈哈！想得美。

获胜者：狗

可用性

对于那些拥有谷仓、农场或遭遇鼠患的人来说，会抓老鼠的动物是非常有用的。对于其他人来说，会抓老鼠可能还有些烦人。另一方面，捉鸟的技能已经完全不需要了，这些是猫能够给我们的全部，还有就是它们费尽心思寻求我们关注的时候给我们带来的一丝快乐。相反，狗能够帮助捕猎、嗅出违禁品和爆炸物、进行野外追踪、诊断疾病、营救走失或受困的人类、为盲人指路、牧羊、守卫家园、追击犯罪分子……就先说这么多吧，你应该知道我是什么意思。

获胜者：狗

9.03 狗和猫生理上的比较

速度

陆地上跑得最快的动物是猎豹，能以最高117.5千米/时的速度奔跑。但幸好你的猫不是一只猎豹。但是如果它很生气，那么也可能以32～48千米/时的速度进行短距离的冲刺。然而与灰狗相比就有些相形见绌，灰狗的最高时速可达72千米/时，但和笨重的金毛猎犬的速度（30千米/时）相比还是绰绰有余的。

获胜者：狗

耐力

在这方面，狗轻轻松松就能胜过猫。猫是埋伏型猎手，它能在发起突袭前耐心地跟踪猎物数小时之久。狗不适合突袭而是善于长时间有氧耐力追逐（和我很像，事实如此）。人类也具备这种能力，这使我们能在冰天雪地里穿行。狗的耐力在雪橇犬表演赛中表现得淋漓尽致：艾迪塔罗德狗拉雪橇比赛（Iditarod Trail Sled Dog Race）中狗会在8～15天内在人迹罕至的阿拉斯加境内完成1510千米/时的赛程。

获胜者：狗

狩猎能力

虽然吃着普通的食物，但是几乎所有被驯化的猫都保留着狩猎的欲望和技能，而且经常会往家里带一些残缺不全或完整的老鼠或鸟的尸体。相反，狗具备追逐的本能，但除了专门用来狩猎的犬种外，大多数狗的狩猎技能都很拙劣。我的狗会以最高的速度在花园里追逐我的猫，但一旦它追上了猫，游戏也就结束了，而且它还想让猫再跑一次。而我的猫可能只是希望狗能早点儿“去世”。

获胜者：猫

脚趾的数量

脚趾很重要。多趾症在猫中很常见，但是在狗中很少见。

获胜者：猫

进化

2015年一项发表于《美国国家科学院院刊》（*Proceeding of the Notional Acadeny of Science*）的研究发现，过去猫家族存活下来的概率要比狗的高。狗于4000万年前起源于北美洲，2000万年前这块大陆上生活着超过30个物种，很可能比这个更多，但是猫并未出现在这里。研究人员发现，猫会和狗争夺食物，而且这也是导致40个犬科物种灭绝的重要原因之一，但并没有证据表明猫科动物物种的灭绝与狗有关系。不同的狩猎方式可能也是导致很多犬种灭绝的一个原因，并且猫的爪是可以伸缩的，因此能一直保持锋利的状态。相反，狗的爪不能伸缩而且通常都不锋利。研究指出，无论什么原因，“猫科动物都是最高效的猎手”，这也在某种程度上说明它们确实进化得更好。

获胜者：猫

第 10 章　狗的饮食

10.01 狗能吃素吗？

千百年来狗都和人类共同生活，吃人类的剩饭，这已经把狗从一个肉食动物（只吃肉）变成了一个杂食动物（可以吃任何东西），但还是更喜欢吃肉。和狼一样，狗的胃肠道很短，比较适合进食肉类，但和狼不同的是，狗的胃肠道可以消化碳水化合物。坦白说，狗会吃掉任何适口的东西，从蔬菜、奶酪到鞋子和玩具，无一例外。狗和狼的不同之处在于它能像人一样分泌淀粉酶降解植物中的淀粉，从谷物中获取营养物质。可能是由于被驯化的狗一直吃残渣和剩饭，从而使它们的消化系统发生了改变。

狗有着尖利的牙齿和相对较短的消化道，因此更适合吃肉（相反，人类的消化道很长，尤其适合消化那些复杂的碳水化合物和植物纤维）。狗对不同食物成分理想的消化率是：蛋白质为56%，脂肪为30%，碳水化合物为14%。此外，它们还需要摄入牛磺酸和精氨酸以及维生素D，正常情况下狗可以从鲜肉中获取这些营养物质，但也可以作为营养补剂添加到它们的食物中。

你可以通过选用商品化的高蛋白素食粮和纯素的狗粮，同时配合氨基酸和维生素的补剂使你的狗成为一名素食主义者，但要非常用心以满足它们的营养需求。英国兽医协会主席曾说：“给狗吃素狗粮理论上是可行的，但要做到正确地饲喂却很难。”

10.2 为什么狗那么喜欢骨头?

狗为什么喜欢骨头呢?骨头里有能量密度和营养密度都很高的骨髓,骨髓是一种柔软、富含脂肪的海绵样组织,是鸟类和哺乳动物生成新鲜血液的主要组织。狗可以从骨髓中获得大量的营养,但很多时候都是和骨头一起吃掉。这很奇怪,骨头很硬而且较难消化,但几乎所有狗都很享受啃骨头的过程,而且会花费数小时去啃食一块大骨头,啃到连渣都不剩。

狗如此喜欢啃骨头可能和它们的祖先狼有很大的关系。深冬时节食物匮乏,狼捕获的大型哺乳动物通常脂肪都很少。能够活到下一个狩猎季的狼一般都能从捕获的大型哺乳动物中获取最多的能量,并且最后剩下的储存着高能量脂肪的部分就是骨头中的骨髓。这也就意味着喜欢啃骨头的狼比不喜欢啃骨头的狼存活下来的可能性要大。骨头还是一个极好的能量储存系统:完整的骨头可很好地保护内部的骨髓,因此也比较适合先埋藏起来,之后饿的时候再挖出来吃(而且这个时候狼群里的其他狼也不在这)。

一点建议:只能给你的狗吃那些没有烹煮过的骨头。烹煮过程会使骨头坚硬的外壳变干,让它变得易碎,且更容易形成尖利的断端,损伤狗的口腔和肠道。

10.03 为什么狗很贪婪？

肥胖会导致过早死亡和其他多种健康问题，且发达国家中狗的肥胖率在34%～59%之间。但和人类一样，狗的肥胖和基因有关，而不是简单的贪婪或缺乏自制力。

狗和它们似狼的祖先一样，会一口吞下大量的食物。狼是非常活跃的群居动物，它们会彼此协作来捕获大型哺乳动物，但当捕获成功后每一只狼都要与狼群中的其他狼竞争，因此会尽可能地快速进食以从本次捕猎中获取更多的食物。这种猎物并不是经常有，尤其是在冬季，因此快速进食从而获得更多的食物对于能否存活到下一个狩猎季（可能还有几天甚至数周就会到来）至关重要。被驯化的狗虽然每天都有吃的，而且相对比较懒散，但它们还是保留了这一本能，这也就使其肥胖率很高。

一般认为，发达国家中有2/3的狗都有超重的问题，而且以拉布拉多犬最为严重。为什么拉布拉多犬肥胖问题会如此严重呢？2016年一项发表在《细胞代谢》（*Cell Metabolism*）的研究发现，有1/4的拉布拉多犬的POMC基因都发生了突变，而这个基因编码的蛋白主要作用是让狗在进食后不再有饥饿感。这一基因突变在那些辅助犬（比如引导犬）中比在宠物犬中更为常见，几乎可以说是肯定的，因为最适合培训的拉布拉多犬也是那些对食物依赖性训练最敏感的犬。人类会选育那些最适合接受训练的狗（因为它们会因食物产生训练的动力），而且用处也更大，但我们也无意间让这个问题更严重了。

10.04 狗的食物里面有什么?

2020年宠物食品市场估值548亿英镑（746亿美元），而单单英国的市场就价值29亿英镑（37亿美元）。19世纪60年代詹姆斯·斯普拉特（James Spratt）创立了第一个商品化的宠物粮。他是来伦敦销售避雷针的美国商人，但当他得到了一些不能吃的压缩饼干给他的狗吃时他就开始了另外一门生意。他发现了市场上一个无人涉足的领域，并推出了他的肉纤维蛋白狗蛋糕（Meat Fibrine Dog Cakes）。很美味！他首先在英国大获成功，然后在美国也大获成功。克鲁弗兹（Charles Cruft）是他在英国早期的一名员工，最后离职创立了以他名字命名的狗展。

当然，狗粮生产商并不是什么都往狗粮里面放的。狗粮生产是受到严格监管的，一些标准也非常高，用于生产狗粮的动物必须经兽医检查，保证动物在屠宰时符合人类卫生标准。宠物、因交通事故死亡的动物、野生动物、实验动物和皮毛动物，或者是那些来自患病动物的肉都不被允许作为生产狗粮的原料。狗粮的原料通常是混合了牛肉、鸡肉、羊肉和鱼的边角料，以及生产人类食物过程中的副产物。这些副产物通常包括动物肝脏、肾脏、乳房、胃、蹄以及肺脏，这些对于我们来说可能听起来不是很好吃，但狗却很喜欢吃（狼在捕获猎物之后通常会先吃掉猎物的肺脏、胃、肝脏、心脏和肾脏，然后再吃肌肉）。更重要的是，这说明猎物身上任何能吃的都不会被浪费。

尽管大多数商品化的狗粮主要成分是肉类，但经常也会添加谷物（比如玉米和小麦）以及营养性添加剂，比如额外补充的牛磺酸（狗自身不能合成的一种氨基酸），还有维生素A、维生素D、维生素E、维生素K，以及不同的矿物元素。现在流行“无谷物狗粮”，但你需要咨询你的兽医，因为狗需要摄入纤维素。湿狗粮通常是将肉或肉的衍生品、谷物、蔬菜和营养补剂（比如牛磺酸）进行混合烹制成肉卷，然后在切成大块前混入肉汁或肉冻，再装入罐子、盘子或袋子，然后在蒸煮器（大型的压力烹饪工具）中以116～130℃的温度进行二次烹饪以杀灭细菌。最后的密封包装是严格无菌的，并且能保存很长时间。冷却后会贴上标签。

干狗粮（也叫颗粒粮）的生产十分有趣，和湿狗粮的生产一样，一开始也是将肉或肉的衍生品（但它们是熟的并且在混合前已经被研磨成了干粉）与谷物、蔬菜和营养补剂混合。然后加入水和蒸汽制成一个热的黏稠的团块，热的团块被推过挤压机（可以挤压和加热团块的一个巨大的螺纹机器），然后被挤过一个小喷嘴（一种金属模具），在被挤出模具时被旋转刀片切成不同的形状。加热过程会使肉类中的营养物质失活，因此会在后续的加工过程重新添加。烹制过的团块被挤出模具时就被制成了颗粒状态，这些颗粒会被加热烤干，最后会加入风味剂和营养补剂（因为这些在加工过程中被降解了）。

最近非常流行生肉饮食。如果你也想这样做，你应该仔细考虑怎么去执行，并咨询一个专业的兽医师，而不是参考那些没有经过科学验证的片面的观点。

10.05 哪些食物对狗是有毒的?

要给狗饲喂下列食物:

1. 巧克力，巧克力中的可可碱和咖啡因对狗来说很危险。

2. 洋葱、香葱和大蒜，这些食物会刺激狗的胃肠道，而且会造成红细胞破裂。

3. 咖啡，其中的咖啡因和可可碱对狗很危险。

4. 木糖醇，很多口香糖都含有木糖醇，可能还会引起狗狗的低血糖和肝脏衰竭。

5. 牛油果，含有一种杀菌毒素鳄梨毒素，会引起狗呕吐和腹泻。

6. 葡萄和葡萄干，会引起狗肝脏损伤。

7. 澳洲坚果，里面含有一些毒素会影响狗的肌肉和神经系统。

8. 老玉米，玉米棒会造成消化道阻塞。

巧克力和咖啡中的可可碱和咖啡因会影响狗的神经系统，使心率升高，并引起肾衰和体温下降。根据对兴奋剂的敏感性、狗的体型和它们摄取的巧克力中含有的可可碱与咖啡因含量（黑巧克力比牛奶巧克力含可可碱和咖啡因的含量高）的不同，不同的狗对巧克力的反应会有所不同。中毒的早期表现为过度流口水、呕吐和腹泻，并且一旦你怀疑你的狗吃了巧克力，那么最好尽快去就医。

天生就是翠绿色的狗

2020年，意大利出生的一窝小狗中有一只有亮绿色的毛发。与此同时美国的一只德国牧羊犬一窝生了8只幼犬，其中一只是青柠色的，主人给它取名Hulk。这一奇怪的现象可能是由于狗出生时接触了胎便（一种焦油状的位于新生仔畜肠道中的绿色物质，通常是狗出生后的第一泡屎）或来自母体胎盘的胆绿素。

参考资料

写这本书的时候我阅读了大量的书籍、文章和研究论文，虽然其中有一些观点是彻头彻尾矛盾的，但我还是非常感激所有这些优秀的作者（很抱歉，这里只列出了一小部分文献）。但这就是科学研究的实质，研究结果的性质会随着研究方法的改变而改变，并且像我一样的科技评论员们必须尽可能广泛阅读，然后评估它们的相关性和来龙去脉，然后把信息进行梳理凝练，希望我们并没有偏离事实。我已经拼尽全力弄清我所呈现的内容到底是科学研究还是仅仅是一些观点，即使那些观点源于兽医专家。关于狗还有很多是我们不知道的，并且每一项新的研究都会帮我们进一步了解狗，从而能把它们照顾得更好。

总体文献

'Rabies: Epidemiology and burden of disease'
who.int/rabies/epidemiology/en/

'Meta analytical study to investigate the risk factors for aggressive dog-human interactions' (DEFRA)
sciencesearch.defra.gov.uk/Default.aspx?Menu=Menu& Module=More&Location =None&Completed=0&ProjectID=16649

'Pet Population 2020' (PFMA)
pfma.org.uk/pet-population-2021

'PDSA Animal Wellbeing (PAW) Report 2020' (PDSA/YouGov)
pdsa.org.uk/media/10540/pdsa-paw-report-2020.pdf
The 2020 PDSA (People's Dispensary for Sick Animals) survey via YouGov is startlingly comprehensive and has very different results to the PDSA with a larger sample size – showing 10.9 million cats to 10.1 million dogs. But the way it presents the data made me a little wary.

'Pet Industry Market Size & Ownership Statistics' (American Pet Products Association)
americanpetproducts.org/press_industrytrends.asp

'Pet ownership Global GfK survey' (GfK, 2016)
cdn2.hubspot.net/hubfs/2405078/cms-pdfs/fileadmin/user_upload/country_one_pager/nl/documents/global-gfk-survey_pet-ownership_2016.pdf

'Ancient European dog genomes reveal continuity since the Early Neolithic' by Laura R Botigué *et al*, *Nature Communications* 8, 16082 (2017)
nature.com/articles/ncomms16082

'Dogs Trust: Facts and figures'
dogstrustdogschool.org.uk/facts-and-figures/

'In what sense are dogs special? Canine cognition in comparative context' by Stephen EG Lea & Britta Osthaus, *Learning & Behavior* 46 (2018), pp335–363
link.springer.com/article/10.3758%2Fs13420-018-0349-7

2.01 狗的简史

'Dog domestication and the dual dispersal of people and dogs into the Americas' by Angela R Perri *et al*, *Proceedings of the National Academy of Sciences of the United States of America* 118(6) (2021), e2010083118
pnas.org/content/118/6/e2010083118

2.02 狗是可爱的狼吗？

'Dietary nutrient profiles of wild wolves: insights for optimal dog nutrition?' by Guido Bosch, Esther A Hagen-Plantinga, Wouter H Hendriks, *British Journal of Nutrition* 113(S1) (2015), ppS40–S54
pubmed.ncbi.nlm.nih.gov/25415597/

'Social Cognitive Evolution in Captive Foxes Is a Correlated By-Product of Experimental Domestication' by Brian Hare *et al*, *Current Biology* 15(3) (2005), pp226–230
sciencedirect.com/science/article/pii/S0960982205000928

2.03 狗是如何被驯化的？

'Dog domestication and the dual dispersal of people and dogs into the Americas' by Angela R Perri *et al*, *Proceedings of the National Academy of Sciences of the United States of America* 118(6) (2021), e2010083118
pnas.org/content/118/6/e2010083118

'A new look at an old dog: Bonn-Oberkassel reconsidered' by Luc Janssens *et al*, *Journal of Archaeological Science* 92 (2018), pp126–138
sciencedirect.com/science/article/abs/pii/S0305440318300049

'Dogs were domesticated not once, but twice… in different parts of the world'
ox.ac.uk/news/2016-06-02-dogs-were-domesticated-not-once-twice%E2%80%A6-different-parts-world#

2.04 为什么人们喜爱狗?

'Oxytocin-gaze positive loop and the coevolution of human-dog bonds' by Miho Nagasawa *et al*, *Science* 348: 6232 (2015), pp333–336
science.sciencemag.org/content/348/6232/333

'Neurophysiological correlates of affiliative behaviour between humans and dogs' by JSJ Odendaal & RA Meintjes, *The Veterinary Journal* 165:3 (2003), pp296–301
sciencedirect.com/science/article/abs/pii/S109002330200237X?via%3Dihub

'Oxytocin enhances the appropriate use of human social cues by the domestic dog (*Canis familiaris*) in an object choice task' by JL Oliva, JL Rault, B Appleton & A Lill, *Animal Cognition* 18 (2015), pp 767–775
link.springer.com/article/10.1007/s10071-015-0843-7

'How dogs stole our hearts'
sciencemag.org/news/2015/04/how-dogs-stole-our-hearts

2.05 狗为什么爱人类?

'Structural variants in genes associated with human Williams-Beuren syndrome underlie stereotypical hypersociability in domestic dogs' by Bridgett M vonHoldt *et al*, *Science Advances* 3:7 (2017), e1700398
advances.sciencemag.org/content/3/7/e1700398

'Neurophysiological correlates of affiliative behaviour between humans and dogs' by JSJ Odendaal & RA Meintjes, *The Veterinary Journal* 165:3 (2003), pp296–301
sciencedirect.com/science/article/abs/pii/S109002330200237X?via%3Dihub

'For the love of dog: How our canine companions evolved for affection'
newscientist.com/article/mg24532630-700-for-the-love-of-dog-how-our-canine-companions-evolved-for-affection/

3.03 为什么狗排便时是由北到南的朝向?

'Cryptochrome 1 in retinal cone photoreceptors suggests a novel functional role in mammals' by Christine Nießner *et al*, *Scientific Reports* 6, 21848 (2016)
nature.com/articles/srep21848

'Dogs are sensitive to small variations of the Earth's magnetic field' by Vlastimil Hart *et al*, *Frontiers in Zoology* 10:80 (2013)
frontiersinzoology.biomedcentral.com/articles/10.1186/1742-9994-10-80

'Pointer dogs: Pups poop along north-south magnetic lines'
livescience.com/42317-dogs-poop-along-north-south-magnetic-lines.html

'Magnetoreception molecule found in the eyes of dogs and primates'
brain.mpg.de//news-events/news/news/archive/2016/february/article/magnetoreception-molecule-found-in-the-eyes-of-dogs-and-primates.html

3.04 你的狗到底有多少毛发?

'Weight to body surface area conversion for dogs'
msdvetmanual.com/special-subjects/reference-guides/weight-to-body-surface-area-conversion-for-dogs

3.07 为什么狗喝水的时候会一团糟?

'Dogs lap using acceleration-driven open pumping' by Sean Gart, John J Socha, Pavlos P Vlachos & Sunghwan Jung, *Proceedings of the National Academy of Sciences of the United States of America*, 112(52) (2015), 15798–15802
pnas.org/content/112/52/15798

4.01 为什么狗会放屁（而猫却不放屁）?

'The difference between dog and cat nutrition'
en.engormix.com/pets/articles/the-difference-between-dog-t33740.htm

'Digestive Tract Comparison'
cpp.edu/honorscollege/documents/convocation/AG/AVS_Jolitz.pdf

4.02 关于狗的粪便的科学

'Dog Fouling'
hansard.parliament.uk/Commons/2017-03-14/debates/EB380013-5820-42A0-A7B9-29FF672000CE/DogFouling

4.04 为什么公狗撒尿的时候会抬起腿?

'Urine marking in male domestic dogs: honest or dishonest?' by B McGuire, B Olsen, KE Bemis, D Orantes, *Journal of Zoology* 306:3 (2018), pp163–170
zslpublications.onlinelibrary.wiley.com/doi/abs/10.1111/jzo.12603?af=R

4.09 让狗舔你的脸到底好不好?

'The Canine Oral Microbiome' by Floyd E Dewhirst *et al*, *PLOS ONE* 7(4) (2012), e36067
journals.plos.org/plosone/article?id=10.1371/journal.pone.0036067

4.10 为什么狗喜欢闻其他狗的屁股呢?

'When the nose doesn't know: canine olfactory function associated with health, management, and potential links to microbiota' by Eileen K Jenkins, Mallory T DeChant & Erin B Perry, *Frontiers in Veterinary Science* 5:56 (2018)
ncbi.nlm.nih.gov/pmc/articles/PMC5884888/

'Dyadic interactions between domestic dogs' by John WS Bradshaw & Amanda M Lea, *Anthrozoös* 5:4 (1992), pp245–253
tandfonline.com/doiabs/10.2752/089279392787011287?journalCode=rfan20

4.11 为什么狗会吃屎?

'Social organization of African Wild Dogs (*Lycaon pictus*) on the Serengeti Plains, Tanzania 1967–1978' by Lory Herbison Frame, James R Malcolm, George W Frame & Hugo Van Lawick, *Ethology* 50:3 (1979), pp225–249
onlinelibrary.wiley.com/doi/abs/10.1111/j.1439-0310.1979.tb01030.x

'Territoriality and scent marking behavior of African Wild Dogs in northern Botswana' by Margaret Parker, *Graduate Student Theses, Dissertations, & Professional Papers*, 954 (University of Montana, 2010)
scholarworks.umt.edu/cgi/viewcontent.cgi?article=1973&context=etd

5.01 狗会感到内疚吗?

'Disambiguating the "guilty look": Salient prompts to a familiar dog behaviour' by Alexandra Horowitz, *Behavioural Processes* 81:3 (2009), pp447–452
sciencedirect.com/science/article/abs/pii/S0376635709001004

'Behavioral assessment and owner perceptions of behaviors associated with guilt in dogs' by Julie Hecht, Ádám Miklósi & Márta Gács, *Applied Animal Behaviour Science* 139 (2012), pp134–142
etologia.elte.hu/file/publikaciok/2012/HechtMG2012.pdf

'Jealousy in Dogs' by Christine R Harris & Caroline Prouvost, *PLOS ONE* 9(7) (2014), e94597
journals.plos.org/plosone/article?id=10.1371/journal.pone.0094597

'Dogs understand fairness, get jealous, study finds'
npr.org/templates/story/story.php?storyId=97944783&t=1608741741655

'Shut up and pet me! Domestic dogs (*Canis lupus familiaris*) prefer petting to vocal praise in concurrent and single-alternative choice procedures' by Erica N Feuerbacher & Clive DL Wynn, *Behavioural Processes* 110 (2015), pp47–59
blog.wunschfutter.de/blog/wp-content/uploads/2015/02/Shut-up-and-pet-me.pdf

5.03 狗向左或向右摇尾巴代表什么意思?

'Hemispheric Specialization in Dogs for Processing Different Acoustic Stimuli' by Marcello Siniscalchi, Angelo Quaranta & Lesley J Rogers, *PLOS ONE* 3(10) (2008), e3349
journals.plos.org/plosone/article?id=10.1371/journal.pone.0003349

'Lateralized Functions in the Dog Brain' by Marcello Siniscalchi, Serenella D'Ingeo & Angelo Quaranta, *Symmetry* 9(5) (2017), 71
mdpi.com/2073-8994/9/5/71/htm

5.04 你的狗有多聪明呢?

'Dogs recognize dog and human emotions' by Natalia Albuquerque *et al*, *Biology Letters* 12:1 (2016)
royalsocietypublishing.org/doi/10.1098/rsbl.2015.0883

'Female but not male dogs respond to a size constancy violation' by Corsin A Müller *et al*, *Biology Letters* 7:5 (2011)
royalsocietypublishing.org/doi/10.1098/rsbl.2011.0287

'Brain size predicts problem-solving ability in mammalian carnivores' by Sarah Benson-Amram *et al*, *Proceedings of the National Academy of Sciences of the United States of America* 113(9) (2016), 2532–2537
pnas.org/content/113/9/2532

'Free-ranging dogs are capable of utilizing complex human pointing cues' by Debottam Bhattacharjee *et al*, *Frontiers in Psychology* 10:2818 (2020)
frontiersin.org/articles/10.3389/fpsyg.2019.02818/full

5.05 你的狗爱你吗?（还是仅仅是需要你?）

'Oxytocin-gaze positive loop and the coevolution of human-dog bonds' by Miho Nagasawa *et al*, *Science* 348:6232 (2015), pp333–336
science.sciencemag.org/content/348/6232/333

'The genomics of selection in dogs and the parallel evolution between dogs and humans' by Guo-dong Wang *et al*, *Nature Communications* 4, 1860 (2013)
nature.com/articles/ncomms2814

'Scent of the familiar: An fMRI study of canine brain responses to familiar and unfamiliar human and dog odors' by Gregory S Berns, Andrew M Brooks & Mark Spivak, *Behavioural Processes* 110 (2015), pp37–46
sciencedirect.com/science/article/pii/S0376635714000473

'Dogs recognize dog and human emotions' by Natalia Albuquerque *et al*, *Biology Letters* 12:1 (2016)
royalsocietypublishing.org/doi/10.1098/rsbl.2015.0883

'An exploratory study about the association between serum serotonin concentrations and canine-human social interactions in shelter dogs (*Canis familiaris*)' by Daniela Alberghina *et al*, *Journal of Veterinary Behavior* 18 (2017), pp96–101
sciencedirect.com/science/article/abs/pii/S1558787816301514

'Empathic-like responding by domestic dogs (*Canis familiaris*) to distress in humans: an exploratory study' by Deborah Custance & Jennifer Mayer, *Animal Cognition* 15 (2012), 851–859
academia.edu/1632457/Empathic_like_responding_by_domestic_dogs_Canis_familiaris_to_distress_in_humans_an_exploratory_study

5.06 我的狗在想什么呢?

'Third-party social evaluations of humans by monkeys and dogs' by James R Anderson *et al*, *Neuroscience & Biobehavioral Reviews* 82 (2017), pp95–109
sciencedirect.com/science/article/abs/pii/S0149763416303578

'Voice-sensitive regions in the dog and human brain are revealed by comparative fMRI' by Attila Andics *et al*, *Current Biology* 24:5 (2014), pp574–578
sciencedirect.com/science/article/pii/S0960982214001237?via%3Dihub

'Empathic-like responding by domestic dogs (Canis familiaris) to distress in humans: an exploratory study' by Deborah Custance & Jennifer Mayer, *Animal Cognition* 15 (2012), 851–859
academia.edu/1632457/Empathic_like_responding_by_domestic_dogs_Canis_familiaris_to_distress_in_humans_an_exploratory_study

'Dogs can discriminate emotional expressions of human faces' by Corsin A Müller, Kira Schmitt, Anjuli LA Barber & Ludwig Huber, *Current Biology* 25:5 (2015), pp601–605
sciencedirect.com/science/article/pii/S0960982214016935?via%3Dihub

5.07 为什么狗会打哈欠?

'Social modulation of contagious yawning in wolves' by Teresa Romero, Marie Ito, Atsuko Saito & Toshikazu Hasegawa, *PLOS One* 9(8) (2014), e105963
ncbi.nlm.nih.gov/pmc/articles/PMC4146576/

'Familiarity bias and physiological responses in contagious yawning by dogs support link to empathy' by Teresa Romero, Akitsugu Konno & Toshikazu Hasegawa, *PLOS One* 8(8) (2013), e71365
journals.plos.org/plosone/article?id=10.1371/journal.pone.0071365

'Dogs catch human yawns' by Ramiro M Joly-Mascheroni, Atsushi Senju & Alex J Shepherd, *Biology Letters* 4:5 (2008)
royalsocietypublishing.org/doi/10.1098/rsbl.2008.0333

'A test of the yawning contagion and emotional connectedness hypothesis in dogs, *Canis familiaris*' by Sean J O'Hara & Amy V Reeve, *Animal Behaviour* 81:1 (2011), pp335–40
sciencedirect.com/science/article/abs/pii/S0003347210004483

'Auditory contagious yawning in domestic dogs (*Canis familiaris*): first evidence for social modulation' by Karine Silva, Joana Bessa & Liliana de Sousa, *Animal Cognition* 15:4 (2012), pp721–4
pubmed.ncbi.nlm.nih.gov/22526686/

'Familiarity-connected or stress-based contagious yawning in domestic dogs (*Canis familiaris*)? Some additional data' by Karine Silva, Joana Bessa & Liliana de Sousa, *Animal Cognition* 16 (2013), pp1007–1009
link.springer.com/article/10.1007/s10071-013-0669-0

'Contagious yawning, social cognition, and arousal: An investigation of the processes underlying shelter dogs' responses to human yawns' by Alicia Phillips Buttner & Rosemary Strasser, *Animal Cognition* 17:1 (2014), pp95–104
pubmed.ncbi.nlm.nih.gov/23670215/

5.10 狗会做梦吗？如果做梦它们会梦见什么呢？

'Baseline sleep-wake patterns in the pointer dog' by EA Lucas, EW Powell & OD Murphree, *Physiology & Behavior* 19(2) (1977), pp285–91
pubmed.ncbi.nlm.nih.gov/203958/

'Temporally structured replay of awake hippocampal ensemble activity during rapid eye movement sleep' by Kenway Louie & Matthew A Wilson, *Neuron* 29 (2001), pp145–156
cns.nyu.edu/~klouie/papers/LouieWilson01.pdf

5.13 为什么狗喜欢玩耍？

'Why do dogs play? Function and welfare implications of play in the domestic dog' by Rebecca Sommerville, Emily A O'Connor & Lucy Asher, *Applied Animal Behaviour Science* 197 (2017), pp1–8
sciencedirect.com/science/article/abs/pii/S0168159117302575

'Intrinsic ball retrieving in wolf puppies suggests standing ancestral variation for human-directed play behavior' by Christina Hansen Wheat & Hans Temrin, *iScience* 23:2 (2020), 100811
sciencedirect.com/science/article/pii/S2589004219305577?via%3Dihub

'Partner preferences and asymmetries in social play among domestic dog, *Canis lupus familiaris*, littermates' by Camille Ward, Erika B Bauer & Barbara B Smuts, *Animal Behaviour* 76:4 (2008), pp1187–1199
sciencedirect.com/science/article/pii/S0003347208002741?via%3Dihub#bib19

'Squirrel monkey play-fighting: making the case for a cognitive training function for play' by Maxeen Biben in *Animal Play: Evolutionary, Comparative, and Ecological Perspectives* by M Bekoff & JA Byers (Eds) (Cambridge University Press, 1998), pp161–182
psycnet.apa.org/record/1998-07899-008

The Genesis of Animal Play: Testing the Limits by GM Burghardt (MIT Press, 2005)
mitpress.mit.edu/books/genesis-animal-play

'Playful defensive responses in adult male rats depend on the status of the unfamiliar opponent' by LK Smith, S-LN Fantella & SM Pellis, *Aggressive Behavior* 25:2 (1999), pp141–152
onlinelibrary.wiley.com/doi/abs/10.1002/%28SICI%2910982337%281999%2925%3A2%3C141%3A%3AAID-AB6%3E3.0.CO%3B2-S

'Play fighting does not affect subsequent fighting success in wild meerkats' by Lynda L Sharpe, *Animal Behaviour* 69:5 (2005), pp1023–1029
sciencedirect.com/science/article/abs/pii/S0003347204004609

5.16 为什么狗会追着自己的尾巴跑?

'Environmental effects on compulsive tail chasing in dogs'
journals.plos.org/plosone/article?id=10.1371/journal.pone.0041684

6.01 狗的嗅觉

'The science of sniffs: disease smelling dogs'
understandinganimalresearch.org.uk/news/research-medical-benefits/the-science-of-sniffs-disease-smelling-dogs/

6.02 狗真的可以诊断疾病吗?

'Olfactory detection of human bladder cancer by dogs: proof of principle study' by Carolyn M Willis *et al*, *BMJ* 329(7468):712 (2004)
ncbi.nlm.nih.gov/pmc/articles/PMC518893/

Medical Detection Dogs
https://www.medicaldetectiondogs.org.uk/

6.03 狗的视力

'What do dogs (*Canis familiaris*) see? A review of vision in dogs and implications for cognition research' by Sarah-Elizabeth Byosiere, Philippe A Chouinard, Tiffani J Howell & Pauleen C Bennett, *Psychonomic Bulletin & Review* 25 (2018), pp1798–1813 link.springer.com/article/10.3758/s13423-017-1404-7

7.01 为什么狗会吠叫?

'Barking dogs as an environmental problem' by CL Senn & JD Lewin, *Journal of the American Veterinary Medicine Association* 166(11) (1975), pp1065-1068. europepmc.org/article/med/1133065

7.02 当我们说话时狗能听到什么呢?

'Dog-directed speech: why do we use it and do dogs pay attention to it?' by Tobey Ben-Aderet, Mario Gallego-Abenza, David Reby & Nicolas Mathevon, *Proceedings of the Royal Society* B 284:1846 (2017) royalsocietypublishing.org/doi/10.1098/rspb.2016.2429

'Neural mechanisms for lexical processing in dogs' by Attila Andics *et al*, *Science* 10.1126/science.aaf3777 (2016) pallier.org/lectures/Brain-imaging-methods-MBC-UPF-2017/papers-for-presentations/Andics%20et%20al.%20-%202016%20-%20Neural%20 mechanisms%20for%20lexical%20processing%20in%20dogs.pdf

'Shut up and pet me! Domestic dogs (*Canis lupus familiaris*) prefer petting to vocal praise in concurrent and single-alternative choice procedures' by Erica N Feuerbacher & Clive DL Wynn, *Behavioural Processes* 110 (2015), pp47–59 blog.wunschfutter.de/blog/wp-content/uploads/2015/02/Shut-up-and-pet-me.pdf

8.01 养猫的人和养狗的人

'Personalities of Self-Identified "Dog People" and "Cat People"' by Samuel D Gosling, Carson J Sandy & Jeff Potter, *Anthrozoös* 23(3) (2010), pp213-222 researchgate.net/publication/233630429_Personalities_of_Self-Identified_Dog_People_and_Cat_People

'Cat People, Dog People' (Facebook Research) research.fb.com/blog/2016/08/cat-people-dog-people/

'Owner perceived differences between mixed-breed and purebred dogs' by Borbála Turcsán, Ádám Miklósi & Enikő Kubinyi, *PLOS ONE* 12(2) (2017), e0172720. journals.plos.org/plosone/article?id=10.1371/journal.pone.0172720

'The personality of "aggressive" and "non-aggressive" dog owners' by Deborah L Wells & Peter G Hepper, *Personality and Individual Differences* 53:6 (2012), pp770–773
sciencedirect.com/science/article/abs/pii/S0191886912002875?via%3Dihub

'Birds of a feather flock together? Perceived personality matching in owner–dog dyads' by Borbála Turcsán *et al*, *Applied Animal Behaviour Science* 140:3–4 (2012), pp154–160
sciencedirect.com/science/article/abs/pii/S0168159112001785?via%3Dihub

'Personality characteristics of dog and cat persons' by Rose M Perrine & Hannah L Osbourne, *Anthrozoös* 11:1 (1998), pp33–40
tandfonline.com/doi/abs/10.1080/08927936.1998.11425085

8.02 养一只狗的花费是多少?

rover.com/blog/uk/cost-of-owning-a-dog/

8.04 狗主人真的像他的狗吗?

'Do dogs resemble their owners?' by Michael M Roy & JS Christenfeld Nicholas, *Psychological Science* 15:5 (2004)
journals.sagepub.com/doi/abs/10.1111/j.0956-7976.2004.00684.x

'Self seeks like: many humans choose their dog pets following rules used for assortative mating' by Christina Payne & Klaus Jaffe, *Journal of Ethology* 23 (2005), pp15–18
link.springer.com/article/10.1007/s10164-004-0122-6

8.05 养狗对健康有益吗?

'Dog ownership and the risk of cardiovascular disease and death – a nationwide cohort study' by Mwenya Mubanga *et al*, *Scientific Reports* 7 (2017), 15821
nature.com/articles/s41598-017-16118-6?utm_medium=affiliate&utm_source=commission_junction&utm_campaign=3_nsn6445_deeplink_PID100080543&utm_content=deeplink

'Dog ownership associated with longer life, especially among heart attack and stroke survivors'
newsroom.heart.org/news/dog-ownership-associated-with-longer-life-especially-among-heart-attack-and-stroke-survivors

'Why having a pet is good for your health'
health.harvard.edu/staying-healthy/why-having-a-pet-is-good-for-your-health

'Children reading to dogs: A systematic review of the literature' by Sophie Susannah Hall, Nancy R Gee & Daniel Simon Mills, *PLOS ONE* 11(2) (2016), e0149759
journals.plos.org/plosone/article?id=10.1371/journal.pone.0149759

'Dog ownership and cardiovascular health: Results from the Kardiovize 2030 project' by Andrea Maugeri *et al*, *Mayo Clinic Proceedings: Innovations, Quality & Outcomes* 3:3 (2019), pp268–275
sciencedirect.com/science/article/pii/S2542454819300888

'Benefits of dog ownership: Comparative study of equivalent samples' by Mónica Teresa González Ramírez & René Landero Hernández, *Journal of Veterinary Behavior* 9:6 (2014), pp311–315
pubag.nal.usda.gov/catalog/5337636

'Pet ownership and the risk of dying from lung cancer, findings from an 18 year follow-up of a US national cohort' by Atin Adhikari *et al*, *Environmental Research* 173 (2019), pp379–386
sciencedirect.com/science/article/abs/pii/S0013935119300416

'The relationship between dog ownership, psychopathological symptoms and health-benefitting factors in occupations at risk for traumatization' by Johanna Lass-Hennemann, Sarah K Schäfer, M Roxanne Sopp & Tanja Michael, *International Journal of Environmental Research and Public Health* 17(7): 2562 (2020)
ncbi.nlm.nih.gov/pmc/articles/PMC7178020/

'Why do dogs play? Function and welfare implications of play in the domestic dog' by Rebecca Sommerville, Emily A O'Connor & Lucy Asher, *Applied Animal Behaviour Science* 197 (2017), pp1–8
sciencedirect.com/science/article/abs/pii/S0168159117302575

'Physical activity benefits from taking your dog to the park' by Jenny Veitch, Hayley Christian, Alison Carver & Jo Salmon, *Landscape and Urban Planning* 185 (2019), pp173–179
sciencedirect.com/science/article/abs/pii/S0169204618312805

8.06 当你外出时，你的狗在干什么?

'Separation anxiety in dogs'
rspca.org.uk/adviceandwelfare/pets/dogs/behaviour/separationrelatedbehaviour

8.07 你的狗对气候的影响

'Environmental impacts of food consumption by dogs and cats' by Gregory S Okin, *PLOS ONE* 12(8) (2017), e0181301
journals.plos.org/plosone/article?id=10.1371/journal.pone.0181301

'The ecological paw print of companion dogs and cats' by Pim Martens, Bingtao Su & Samantha Deblomme, *BioScience* 69:6 (2019), pp467–474
academic.oup.com/bioscience/article/69/6/467/5486563

'The climate mitigation gap: education and government recommendations miss the most effective individual actions' by Seth Wynes & Kimberly A Nicholas, *Environmental Research Letters* 12:7 (2017)
iopscience.iop.org/article/10.1088/1748-9326/aa7541

9.02 猫和狗的社交和医疗

'Pet Population 2020' (PFMA)
pfma.org.uk/pet-population-2020

'Pet Industry Market Size & Ownership Statistics' (American Pet Products Association)
americanpetproducts.org/press_industrytrends.asp

9.03 狗和猫生理上的比较

'Dogs have the most neurons, though not the largest brain: trade-off between body mass and number of neurons in the cerebral cortex of large carnivoran species' by Débora Jardim-Messeder *et al*, *Frontiers in Neuroanatomy* 11:118 (2017)
frontiersin.org/articles/10.3389/fnana.2017.00118/full

'The role of clade competition in the diversification of North American canids' by Daniele Silvestro, Alexandre Antonelli, Nicolas Salamin & Tiago B Quental, Proceedings of the *National Academy of Sciences of the United States of America* 112(28) (2015), 8684-8689
pnas.org/content/112/28/8684

10.03 为什么狗很贪婪?

'A deletion in the canine POMC gene is associated with weight and appetite in obesity-prone labrador retriever dogs' by Eleanor Raffan *et al*, *Cell Metabolism* 23:5 (2016), pp893–900
cell.com/cell-metabolism/fulltext/S1550-4131(16)30163-2

10.04 狗的食物里面有什么?

'Identification of meat species in pet foods using a real-time polymerase chain reaction (PCR) assay' by Tara A Okumaa & Rosalee S Hellberg, *Food Control* 50 (2015), pp9–17
sciencedirect.com/science/article/abs/pii/S0956713514004666

'Animal by-products' (EU)
ec.europa.eu/food/safety/animal-by-products_en

'Pet food' (Food Standards Agency)
food.gov.uk/business-guidance/pet-food

致谢

成千上万名优秀的科研工作者和作家将自己的专业知识整理发表，成为本书坚实的理论基础。虽然我引用参考的主要论文和书籍已经在前面列举，但还有数百篇著作对于我们领略奇妙的宠物世界不可或缺。其中大部分研究都是公费资助的研究，但公众还不能畅通无阻地接触这些知识，我真切地希望这个情况能早日改善。

非常感谢Quadrille出版社的莎拉·拉维尔（Sarah Lavelle）、斯泰西·克莱沃斯（Stacey Cleworth）和克莱尔·罗奇福德（Claire Rochford），感谢他们对我的认可，忍受我奇怪的性格和经常拖稿的不良习惯。感谢卢克·伯德（Luke Bird）再一次欣然地接受了我这一本奇怪的书籍。

非常感谢我漂亮的女儿黛西（Daisy）、波比（Poppy）和乔治亚（Georgia），感谢她们让我有独自在花园里写作的时间，以及在晚餐时可以忍受我滔滔不绝地畅谈各种知识。还要感谢我的宠物布鲁和赖皮，在测试犁鼻器功能、顺膜运作方式、跨物种交流以及爪的伸缩性时，忍受我戳个不停。也要感谢布罗迪·汤姆森（Brodie Thomoson）、伊丽莎·黑兹尔伍德（Eliza Hazlewood）和可可·埃廷豪森（Coco Ettinghausen），并且我要一如既往地感谢给予我精神支持的DML传奇团队中的简·克罗克森（Jan Croxson）、博拉·加森（Bora Garson）、卢·莱夫特维奇（Lou Leftwich）和梅根·佩奇（Megan Page）。

最后，非常感谢那些来看我的节目的观众，当我们在舞台上进行那些有趣至极或者非常恶心的科学实验时，你们笑得好开心并给予我掌声。我爱你们!

索引

图书在版编目（CIP）数据

怪诞狗科学 / (英) 斯蒂芬·盖茨著；代宏宇译.
— 沈阳：辽宁科学技术出版社, 2023.8
ISBN 978-7-5591-2979-6

Ⅰ.①怪… Ⅱ.①斯… ②代… Ⅲ.①犬－普及读物
Ⅳ.①S829.2-49

中国国家版本馆 CIP 数据核字 (2023) 第 061308 号

出版发行：辽宁科学技术出版社
（地址：沈阳市和平区十一纬路 25 号　邮编：110003）
印 刷 者：辽宁新华印务有限公司
经 销 者：各地新华书店
幅面尺寸：145mm × 205mm
印　　张：5
字　　数：150 千字
出版时间：2023 年 8 月第 1 版
印刷时间：2023 年 8 月第 1 次印刷
责任编辑：张歌燕　殷　倩
装帧设计：袁　舒
责任校对：徐　跃

书　　号：ISBN 978-7-5591-2979-6
定　　价：49.80 元

联系电话：024-23284354
邮购热线：024-23284502
E-mail:geyan_zhang@163.com